簡潔的 Python 重構你的舊程式

Clean Code in Python

獻給我的家人與朋友，感謝他們無條件的愛與支持。

– Mariano Anaya

mapt.io

Mapt 線上數位資料庫提供了超過 5,000 本書籍、影片以及業界的頂尖工具來協助你規劃個人與職涯發展。要瞭解更多訊息，請造訪我們的網站。

為何要訂閱？

- 使用 4,000 位以上業界專家的電子書和影片來減少學習時間並獲得更多程式編寫時間
- 以量身打造的 Skill Plans 提升學習效果
- 每個月獲得一本免費的電子書或影片
- Mapt 是完全可搜尋的
- 可複製、貼上、列印內容，以及使用書籤

PacktPub.com

你知道 Packt 為每一本已出版的書籍提供電子書版本，包括 PDF 與 ePub 檔案嗎？你可以在 www.PacktPub.com 升級為電子書，而且身為實體書顧客，你可以用折扣價取得電子書版本。要瞭解更多訊息，請用 service@packtpub.com 聯絡我們。

你也可以到 www.PacktPub.com 閱讀許多免費的技術文章、在那裡註冊以取得一系列免費的電子報，以及獲得 Packt 書籍和電子書的獨家折扣與優惠。

貢獻者

作者簡介

Mariano Anaya 是位軟體工程師，有豐富的 Python 軟體寫作以及程式員指導經驗。除了 Python 之外，Mariano 的主要興趣包括軟體結構、泛函編程、離散系統，以及會場演說。

他是 Euro Python 2016 與 2017 的講者。你可以透過他的 GitHub 帳號 rmariano 來進一步認識他。

他的 speakerdeck 帳號是 rmariano。

校閱簡介

Nimesh Kiran Verma 在 IIT Delhi 取得數學與電腦雙學位，並且在 LinkedIn、Paytm 與 ICICI 等公司有大約 5 年的軟體開發和資料科學經歷。

他共同創辦了小額貸款公司 Upwards Fintech，目前擔任 CTO。他熱愛編寫程式，精通 Python 及其熱門框架 Django 和 Flask，並廣泛運用 Amazon Web Services、設計模式、SQL 與 NoSQL 資料庫來構築可靠、可縮放且低延遲的架構。

> 獻給成就我、讓我有信心實現夢想的母親 *Nutan Kiran Verma*。感謝鼓勵我把陪伴他們的時間花在本書的父親、*Naveen* 與 *Prabhat*。*Ulhas* 與整個 *Packt* 團隊提供巨大的支援。感謝 *Varsha Shetty* 將我介紹給 *Packt*。

Packt 尋找像你這樣的作者

如果你想要成為 Packt 的作者，可前往 `authors.packtpub.com` 填寫資料。我們已經和上千位與你一樣的開發者和技術專家合作過，協助他們與全球科技社群分享卓見了。你可以提出一般的申請、應徵正在招募的特定熱門主題作者，或提出你的想法。

目錄

前言

這是一本討論 Python 軟體工程準則的書籍。

坊間有許多軟體工程書籍，也有許多資源提供 Python 相關資訊，但是你必須經過一番努力才能結合兩者，這也是本書試圖彌合的鴻溝。

用一本書來討論所有的軟體工程主題是不切實際的，因為這個領域太大了，而且有些書藉即使用盡篇幅也只不過討論了其中的某些主題而已。本書的重點是軟體工程的主要做法或準則，希望協助你編寫更容易維護的程式，同時告訴你如何利用 Python 的功能來編寫它們。

給你一個肺腑之言：軟體問題的解決方案不可能只有一個，通常你需要做出權衡取捨。每一種解決方案都有其優缺點，當你選擇它們時必須遵守一些準則，並坦然接受獲得好處應付出的代價。你通常沒有單一最佳解，但必須遵守一些規則，只要你遵守它們，就可以走在比較安全的道路上。這也是本書的宗旨：促使讀者遵循規則來做出最好的選擇，因為就算遇到困難，當你遵守良好的做法時，結果也會好很多。

講到良好的做法，雖然接下來的內容有些遵守既定且行之有效的準則，但有些比較武斷，不過這不代表你只能採取那種特定的做法。作者不認為自己是簡潔程式的權威，因為這種稱謂不切實際。我們鼓勵讀者做批判性的思考：選擇最適合專案的做法，並且自由地提出不同的意見。只要分歧的意見可以帶來啟發人心的辯論，我們就歡迎它。

我寫這本書的用意是分享 Python 帶來的樂趣，以及我從過往經驗中學到的典型表達風格，希望提升讀者在這種語言上的專業知識。

本書使用範例程式來說明主題。這些範例使用著作本書時的最新版 Python，即 Python 3.7，不過將來的版本應該也是相容的。書中的程式不需要綁定特定的平台，因此你只要使用 Python 解譯器就可以在任何作業系統上測試範例程式了。

多數範例的目標都是盡量維持程式的簡潔，所以我只用標準程式庫和一般的 Python 來編寫主程式與它的測試程式。有些章節需要使用額外的程式庫，我會在這些範例的 `requirements.txt` 檔案提供說明，以協助你執行它們。

本書將說明可讓程式更好、更容易閱讀且更容易維護的所有 Python 功能。我們不但會討論這種語言的功能，也會分析如何在 Python 中運用軟體工程技巧。讀者將會發現有些軟體工程技巧與 Python 的參考實作有所差異，有些準則或模式稍有不同，有些甚至根本沒辦法在 Python 中使用。瞭解這些情況意味著你已經更認識 Python 了。

本書對象

本書適合想要瞭解軟體設計或更深入瞭解 Python 的軟體工程從業者。我們假設讀者已經熟悉物件導向軟體設計的規則，而且已經寫過一些程式了。

就 Python 而言，本書適合各種等級的讀者。本書很適合用來學習 Python，因為它的複雜程度是循序漸進的。第一章會討論 Python 的基本知識，很適合用來學習這個語言主要的表達風格、函式，以及工具程式。本書不僅僅會用 Python 來解決問題，也會採取典型的寫法。

經驗豐富的程式員也能夠從本書獲益，因為有些章節會討論 Python 的進階主題，例如裝飾器（decorator）、描述器（descriptor），以及簡介非同步編程。本書可以協助讀者發現 Python 的更多層面，因為有些案例將從這種語言本身的內在開始分析。

我要特別強調本節第一句話的**從業者**這個字，這是一本務實的書籍，書中的範例僅限教學所需，但也企圖模擬實際軟體專案的情境。這不是一本學術著作，所以你應該仔細地思考我提出的定義、意見與建議，你應該以批判、務實的態度來看待這些建議，而不是將之視為教條。畢竟，實用性優於純粹性（practicality beats purit，出自 Zen of Python）。

本書內容

第一章，簡介、程式碼格式與工具介紹設定 Python 開發環境所需的主要工具。我會介紹 Python 開發者在開始使用這種語言時需要瞭解的基本知識，以及協助程式容易閱讀的準則，例如靜態分析、文件、型態檢查及程式碼格式化。

第二章，符合 *Python* 風格的程式討論幾種 Python 的典型表達風格，後續的章節會持續使用它。我們會探討 Python 的特定功能、它們的用法，並開始圍繞著“符合 Python 風格的程式通常是較優質的程式碼”這個概念來建構你的知識。

第三章，好程式的特徵將回顧“編寫可維護程式碼”的軟體工程一般原則。我們將探討這些概念，並藉由這種語言的工具來執行它們。

第四章，*SOLID* 原則討論物件導向軟體的設計原則。這個縮詞是一種軟體工程術語，你將會看到如何在 Python 中運用每一個字母代表的技術。基於 Python 語言的性質，並非所有技術都可以在 Python 中運用。

第五章，使用裝飾器來改善程式說明 Python 最棒的功能之一。在瞭解如何（為函式與類別）建立裝飾器之後，我們會實際使用它們來讓程式碼可供重複使用、劃分職責，與建立更細緻的函式。

第六章，藉由描述器來充分使用物件討論 Python 的描述器，它可將物件導向設計帶到新的層次。雖然描述器與框架和工具的關係較密切，但我們可以看到如何用它來改善程式碼的易讀性和重用（reuse，重複使用，爾後均譯為"重用"）性。

第七章，使用產生器告訴你產生器或許是 Python 最棒的功能。"迭代（iteration）是 Python 的核心元素"這件事讓大家認為 Python 成就了新的程式設計典範。一般來說，我們可以透過產生器與迭代器來思考程式的寫法。藉由學習產生器，你會進一步瞭解 Python 的協同程序（coroutine），以及非同步編程的基本知識。

第八章，單元測試與重構介紹單元測試對於聲稱具備可維護性的基礎程式的重要性。本章將回顧單元測試的重要性，並探討它的主要框架（`unittest` 與 `pytest`）。

第九章，常見的設計模式介紹如何實作 Python 最常見的設計模式，本章不從解決問題的觀點來說明，而是探討它們究竟如何利用更好且更容易維護的方案來處理問題。本章會提到 Python 有某些特質會將一些設計模式隱藏起來，也會採取務實的做法來實作其中的一些設計模式。

第十章，簡潔的結構主要討論一個概念：簡潔的程式是好結構的基礎。第一章談到的所有細節，以及在過程中重複討論的其他內容都會在部署系統時於整個設計中扮演重要的角色。

從本書獲得最大的利益

讀者必須熟悉 Python 的語法，並成功安裝 Python 解譯器，你可以從 `https://www.python.org/downloads/` 下載它。

建議你跟著操作本書的範例，並在電腦上測試程式。為此，強烈建議你用 Python 3.7 建立一個虛擬環境，並用這個解譯器執行程式。你可以到 `https://docs.python.org/3/tutorial/venv.html` 瞭解如何建立虛擬環境。

下載範例程式檔案

你可以在 www.packtpub.com 用你的帳號下載本書的範例程式檔案。如果你在別處購買本書，可前往 www.packtpub.com/support 並註冊，來收取以 email 寄給你的檔案。

你可以按照下列步驟來下載程式碼檔案：

1. 前往 www.packtpub.com 登入或註冊。
2. 選擇 **SUPPORT** 標籤。
3. 按下 **Code Downloads & Errata**。
4. 在 **Search** 欄輸入本書的書名，並按照螢幕的說明進行操作。

下載檔案後，使用下列程式的最新版本來解壓縮或擷取資料夾：

- Windows 的 WinRAR/7-Zip
- Mac 的 Zipeg/iZip/UnRarX
- Linux 的 7-Zip/PeaZip

本書的程式包位於 GitHub 的 https://github.com/PacktPublishing/Clean-Code-in-Python。如果程式有所更新，既有的 GitHub 存放區也會更新。

我們還有另一個豐富的書籍和影片存放區，裡面也有其他的程式包：https://github.com/PacktPublishing/，歡迎使用它們！

文字規則

本書使用一些文字規則。

CodeInText（文字內的程式碼）：代表文字內的程式碼、資料庫的表格名稱、資料夾名稱、檔案名稱、副檔名、路徑名稱、虛擬 URL、使用者輸入及 Twitter handle。例如：「接著只要執行 pylint 命令就可以在程式中檢查它了。」

程式區塊的表示法如下：

```
class Point:
    def __init__(self, lat, long):
        self.lat = lat
        self.long = long
```

當我希望你把注意力放在特定的程式段落時，會用粗體標示那幾行或項目：

```
setup(
    name="apptool",
    description="Description of the intention of the package",
    long_description=long_description,
```

下面是命令列輸入或輸出的寫法：

```
>>> locate.__annotations__
{'latitude': float, 'longitue': float, 'return': __main__.Point}
```

粗體：代表新術語、重要的詞彙，或螢幕上的文字，例如選單或對話方塊內的單字：“選擇 **Administration** 面板的 **System info**。”

這個圖示代表警告或重點。

這個圖示代表提示或小技巧。

保持聯繫

我們隨時歡迎讀者提供意見。

一般回饋：寄 email 到 feedback@packtpub.com，並在你的信件主旨列出書名。如果你對本書有任何問題，可寄 email 到 questions@packtpub.com。

勘誤：雖然我們已經很小心地確保內容準確了，但錯誤難免發生。如果你在書中發現錯誤，我們會很感激你的回報。請前往 www.packtpub.com/submit-errata，選擇書籍，按下 Errata Submission Form 連結，並輸入詳細資訊。

盜版：如果你在網路上發現我們的作品有任何形式的非法版本，我們很感激你告訴我們其位址或網站名稱。請用 copyright@packtpub.com 聯繫我們，並提供它的連結。

如果你想要成為作者：如果你有擅長的主題，並且想要成為作者或貢獻新書，請前往 authors.packtpub.com。

評論

請留下你的評論。何不在你閱讀並使用本書之後，到購買書籍的網站留下評論？潛在的讀者可以看見並參考你公正的意見來決定是否購買它，在 Packt 的我們也可以瞭解你對產品的看法，我們的作者也可以看到你對於他的作品的回饋。謝謝你！

想要進一步瞭解 Packt，請前往 packtpub.com。

1

簡介、程式碼格式與工具

本章要討論簡潔程式的第一個概念，會從它是什麼，以及它有什麼意義開始說起。本章的重點是指出簡潔程式不僅僅是最好能夠擁有的好東西，或軟體專案的奢侈品，它其實是必要的。如果沒有高品質的程式碼，專案就會陷入持續累積技術債務進而失敗的風險。

順著這個方向更詳細地說，它是將程式碼格式化與文件化的概念。這聽起來或許也像是一個多餘的要求或工作，但同樣的，我們會說明它在保持基礎程式的可維護性和可用性時會發揮根本性的作用。

我們會分析在專案中採取好的程式編寫準則的重要性。明白“讓程式碼與參考文件保持一致”是件持續的任務之後，我們要說明如何借助自動化工具來減輕工作負擔。為此，我們會簡單地說明如何設置主要的工具，將它們融入組建程序，讓它們可在專案中自動運行。

閱讀本章後，你將瞭解簡潔程式碼的概念、為什麼將程式碼格式化與文件化是重要的任務，以及如何將這個程序自動化。藉此，你將建立“快速組織新專案結構以獲得良好程式品質”的思維模式。

閱讀本章後，你會學到：

- 簡潔程式的意義，它遠比在建構軟體的過程中排列程式的格式重要得多
- 就算如此，對軟體專案的可維護性而言，設計標準的格式仍然是個關鍵因素
- 如何使用 Python 的功能讓程式碼本身成為文件
- 如何設置工具來安排一致的程式碼佈局，讓團隊成員聚焦在問題的本質上

簡潔程式碼的意義

簡潔程式碼沒有唯一或嚴格的定義，我們應該也沒有正式的方法可以用來衡量程式簡潔與否，因此無法用某種工具來瞭解程式碼究竟夠不夠優秀、是不是不好，或是否容易維護。你當然可以執行檢查程式、linter、靜態分析程式等工具，這些工具有很大的幫助，它們是必要的，但還不夠。簡潔的程式碼不是機器或腳本可以判斷的東西（到目前為止），但它是身為專家的我們可以決定的東西。

因為我們幾十年來不斷使用“程式語言”這個字眼，讓我們認為它們是與機器溝通想法，以便執行程式的語言，但我們錯了。這不是全部的事實，只是事實的一部分。隱藏在程式語言底下的，其實就是和別的開發者溝通想法的語言。

這就是簡潔程式碼的本質所在，取決於別的工程師能否閱讀與維護你的程式碼。因此，身為專家的我們是唯一能夠判斷程式碼是否簡潔的人。回想一下，身為開發者，我們花在閱讀程式碼的時間遠比撰寫它還要長。每當我們想要修改或加入新功能時，都會先閱讀想要修改或擴展的程式附近的內容。語言（Python）是我們用來與彼此溝通的東西。

所以與其給你簡潔程式碼的定義（或我的定義），我想請你看完這本書，閱讀關於 Python 典型寫法的全部內容，瞭解一下良好與不良程式碼的差異，找出良好的程式與結構的特點，再自行定義。閱讀本書後，你就能夠自行判斷與分析程式，也會更透徹地瞭解簡潔程式碼。你會知道它是什麼，以及它的意義，無論你的定義是什麼。

簡潔程式碼的重要性

簡潔程式碼如此重要有許多原因，這些原因大都與易於維護、減少技術債務、有效地執行敏捷開發，以及管理成功的專案有關。

我想要討論的第一個概念與敏捷開發和持續交付有關。如果我們希望專案能夠以穩定、可預測的速度持續地提供功能，就必須擁有一個良好的、可維護的基礎程式。

想像一下，你在一條路上開著車往目的地前進。你要估計並告訴朋友到達的時間。如果車子是正常的，而且路況完美，我們找不到實際到達的時間比估計的時間慢很多的理由。如果路況很差，而且你必須走出車外搬走擋在路上的石頭，或閃開裂縫、每隔幾公里就要停車檢查引擎等等，你應該很難知道何時到達（或能否到達）。這個比喻應該很明顯，馬路就是程式碼。如果你想要以穩定、可預測的速度前進，程式碼就必須是易維護且易讀的。如果不是，每當產品經理想要加入新功能時，你就必須停下腳步，重構與修正技術債務。

在軟體中，技術債務是因為一時的妥協以及糟糕的決策產生的問題。在某種程度上，你可以從兩個角度看待技術債務。從現在到過去——如果現在面對的問題是以前寫的劣質程式造成的呢？從現在到未來——如果我們抄捷徑，而不是花時間寫正確的程式，我們會讓未來的自己面對什麼問題？

債務這個字眼取得很好，稱為債務是因為以後再修改程式比現在就修改還要困難，讓你必須付出債務滋生的利息。產生技術債務代表明日的程式碼會比今日更難以維護且昂貴（我們甚至可以衡量這一點），後天又會比明天更昂貴，以此類推。

每當團隊無法準時交出成果，必須停下腳步來修正並重構程式碼時，就是在付出技術債務的代價。

技術債務最糟糕的地方在於它代表了長期的潛在問題。它不會引起高度的關注，相反的，它是個沉默的隱患，分散在專案的各個部分，直到某日、某個特定時間突然甦醒，擾亂團隊的節奏。

格式化在簡潔程式碼之中的角色

簡潔程式碼與按照某種標準（例如 PEP-8，或是用專案準則來定義的自訂標準）來格式化和架構程式有關嗎？簡單的答案是：否。

簡潔的程式超越程式編寫準則、格式化、linting 工具與其他關於程式碼佈局的檢查。簡潔程式碼與實作高品質的軟體以及建立強健、易維護且避免技術債務的系統有關。100% 符合 PEP-8（或任何其他準則）的一段程式或整個軟體元件仍然可能不符合以上的需求。

但是，不注意程式碼的結構也有一些風險。因此，我們會先用比較差的程式結構來分析問題、討論如何處理它們，接著看看如何設置與使用 Python 專案工具來自動檢查與修正問題。

總之，我們可以說，簡潔的程式與 PEP-8 或編寫風格之類的東西沒有關係，它超越那些東西，代表對程式的可維護性與軟體品質而言更有意義的東西。但是我們將會看到，以正確的格式編寫程式對提升工作效率而言至關重要。

遵守專案的編寫風格指南

當你要用有品質的標準來開發專案時，至少應該要擁有一份程式編寫準則。本節將討論其背後的原因，接下來各節會開始介紹一些使用工具來自動執行這項工作的做法。

當我試著在程式佈局中尋找良好的特徵時，在腦海中第一個浮現的東西就是程式的一致性。我希望程式碼具備一致的結構，以方便閱讀與遵循。如果程式碼不正確或沒有一致的結構，團隊成員們各行其是，最終的程式將會讓你付出額外的精力與注意力才能正確地依循。這很容易出錯、具誤導性，且很容易就會出現 bug 或陷阱。

我們希望避免它，因此我們想要的恰恰與之相反——一眼就可以閱讀與理解的程式碼。

如果開發團隊的成員都認同程式的標準建構方式，就可以寫出相似許多的程式碼。因此，你可以快速地看出模式（很快就會討論這一點），認出模式後，就更容易瞭解事物與找出錯誤。例如在發生不對勁的情況時，你可以立刻想起曾經在模式中看過一些引起你的注意力的怪事。你會更仔細地檢查那個部分，大大提升找到錯誤的機會！

Code Complete 這部經典中談到，有一篇論文 *Perceptions in Chess*（1973）對此做了一個有趣的分析，它做一個實驗來確認不同的人如何瞭解或記憶不同的棋位。這項實驗的對象包括各種等級的棋手（新人、中級與西洋棋大師），並在棋盤擺了各種不同的棋位。研究者發現隨機擺放棋子時，新手的表現與大師一樣好，這只是一項記憶練習，每個人都可以用合理的表現完成。當棋子按照真實棋局的邏輯順序排列時（也就是具備一致性且符合模式），大師的表現比其他人好很多。

想像一下，如果在軟體中出現同樣的情況會如何。身為 Python 軟體工程師的我們就像是上述案例中的象棋大師。當程式碼被隨機構築、不遵守邏輯或任何標準時，我們發現錯誤的難度就跟新手沒什麼兩樣。另一方面，如果我們曾經看過結構化的程式，並且知道如何按照特定模式來快速理解程式，我們就有相當大的優勢。

具體來說，在 Python 中，你應該遵守的編寫風格就是 PEP-8。你可以根據當前專案的特殊情況來延伸它，或採取它的某些部分（例如每一行的長度、字串的注釋等等）。但是無論你使用一般的 PEP-8 或是擴展它，建議你持續使用它，而不是從頭開始擬出另一個不同的標準。

遵守這份文件的原因是它已經考慮許多 Python 語法的特殊性質了（通常不適用於其他語言），而且它是由實際開創 Python 語法的作者創造的。因此，應該很難有別的標準的準確性可以比得上 PEP-8 ，遑論改善。

尤其是在處理程式碼時，PEP-8 具備一些其他優良的特性，例如：

- **grep 的能力：**在程式碼中 grep 標記的能力，也就是在一些檔案裡面（以及這些檔案的一部分之中）搜尋特定字串的能力。這項標準有一個區分如何編寫“對變數賦值”與“傳給函式的關鍵字引數”的項目。

舉例來說，假如我們正在除錯，想要找出指派給參數 location 的值是在哪裡傳入的，我們可以執行下面的 grep 命令，它的結果將指出我們要找的檔案與行數：

```
$ grep -nr "location=" .
./core.py:13: location=current_location,
```

接下來我們想要知道這個變數在哪裡被賦值，下面的命令也可以指出我們要找的資訊：

```
$ grep -nr "location =" .
./core.py:10: current_location = get_location()
```

PEP-8 建立的標準是：如果你用關鍵字傳遞引數給函式，就不使用空格，但是如果對變數賦值就要使用空格。出於這個原因，我們可以調整搜尋的條件（第一次搜尋的 = 旁邊沒有空格，第二次使用一個空格）來提高搜尋的效率。這就是遵守規範的好處。

- **一致性：**如果程式碼看起來具備統一的格式，閱讀就會輕鬆很多。這在培訓新人時特別重要，如果你想要歡迎新的開發者加入專案，或是雇用新的程式員加入團隊（可能是比較缺乏經驗的），並且讓他們更熟悉程式（甚至可能包含幾個程式存放區），如果他們打開的檔案裡面的程式碼編排、文件、命名規範等等都是一致的，就會輕鬆許多。
- **程式品質：**藉著閱讀結構化的程式碼，你可以熟練地一眼就理解它（同樣類似 *Perceptions in Chess* 所說的），並且更容易找到 bug 與錯誤。檢查程式碼品質的工具也可以藉此提示潛在的 bug。程式碼靜態分析或許可協助減少每行程式的 bug 比率。

docstring 與註釋

本節介紹如何在 Python 程式碼內將程式碼文件化。良好的程式碼除了可說明自己的意圖之外，也是經過妥善文件化的。解釋它應該做什麼工作（而不是如何做）是很好的做法。

將程式碼文件化與在它裡面加上註解（comment）不一樣，這點非常重要。註解是不好的東西，應避免使用。文件化是“解釋資料的型態、提供它們的範例，或註解變數”之類的事情。

這件事與 Python 有密切關係，因為 Python 使用動態型態，讓我們很容易在函式與方法之間搞不清楚變數或物件的值。因此，說明這項資訊可方便程式碼的讀者。

此外還有一個專門與註釋（annotation）有關的理由。Mypy 之類的工具可以協助執行一些自動檢查，例如型態提示。你會發現加上註釋最終是可以獲得回報的。

docstring

基本上，docstring 是放在原始程式碼裡面的文件。它是放在程式碼某處的文字字串，目的是將那部分的邏輯文件化。

請留意**文件化**這個字眼。這個細節很重要，它代表解釋，不是辯解。docstring 不是註解，而是文件。

由於許多原因，在程式碼裡面加上註解是不好的做法。首先，使用註解代表你沒有用程式碼來表達想法，當你需要解釋為何或如何做某件事時，應該代表那段程式不夠好，讓初學者無法單純藉由觀看程式碼來瞭解它的意思。其次，它可能產生誤導。比起花時間閱讀複雜的段落，閱讀關於程式應該如何工作的註解之後才發現那段程式做的是不同的事情更糟糕。人們往往在修改程式之後忘了更改註解，造成被改過的程式旁邊的註解已經過時了，從而產生危險的誤導。

有時在罕見的情況下，我們不得不使用註解。或許是在第三方程式庫中有我們必須迴避的錯誤。在這種情況下，加入一小段描述性的註解可能是可接受的。

但是對 docstring 而言，情況完全不同。再說一次，它們不代表註解，而是屬於程式的特定元件（模組、類別、方法或函式）的文件。使用它們不但是可接受的，更是應該鼓勵的行為。盡可能地加入 docstring 是很好的習慣。

應該將它們放入程式的原因（甚至是必要的，取決於專案的標準）在於 Python 是動態型態語言，這意味著（舉例來說）函式的任何參數都可以接收任何值。Python 不會強制規定或檢查任何這類的東西。所以，如果你在程式裡面發現一個必須修改的函式，幸運的是，你也發現那個函式與參數都使用富描述性的名稱。但即使如此，你還是有可能不清楚應該傳給它什麼型態，就算知道了，它們又會被如何使用？

此時良好的 docstring 就派上用場了。將函式期望收到的輸入與產生的輸出文件化是很好的做法，可協助函式的讀者瞭解它應該如何工作。

看一下這個來自標準程式庫的好例子：

```
In [1]: dict.update??
Docstring:
D.update([E, ]**F) -> None.Update D from dict/iterable E and F.
If E is present and has a .keys() method, then does: for k in E:D[k] =
E[k]
If E is present and lacks a .keys() method, then does: for k, v in E:D[k]
= v
In either case, this is followed by: for k in F:D[k] = F[k]
Type: method_descriptor
```

這個關於 update 方法的字典的 docstring 提供了實用的資訊，指出它有兩種不同的用法：

1. 我們可以用 .keys() 來傳遞某個東西（例如另一個字典），它會使用以參數傳入的物件的鍵來更新原始字典：

   ```
   >>> d = {}
   >>> d.update({1: "one", 2: "two"})
   >>> d
   {1: 'one', 2: 'two'}
   ```

2. 我們可以傳遞鍵值組成的可迭代物，將它們拆開來 update（更新）：

   ```
   >>> d.update([(3, "three"), (4, "four")])
   >>> d
   {1: 'one', 2: 'two', 3: 'three', 4: 'four'}
   ```

在任何情況下，字典都會用它收到的關鍵字引數來更新。

這項資訊對想要學習與瞭解新函式如何運作，以及如何使用它的人來說至關重要。

請注意，在第一個範例中，我們使用雙問號來取得函式的 docstring（dict.update??）。這是 IPython 互動式解譯器的功能。當你呼叫它時，它會印出你希望瞭解的物件的 docstring。既然我們可以這樣獲得標準程式庫函式的幫助，想像一下，當你在你寫的函式裡面加入 docstring，以便讓讀者（程式碼的使用者）用同樣的方式來瞭解做法時，會給他們帶來多大的方便。

docstring 不是與程式碼分開或獨立的東西。它是程式碼的一部分，而且你可以取得它。當你為物件定義 docstring 時，它就成為物件的一部分，你可以用物件的 __doc__ 屬性來取得它：

```
>>> def my_function():
... """Run some computation"""
... return None
...
>>> my_function.__doc__
'Run some computation'
```

這代表你也可以在執行階段讀取它，甚至可以用原始程式來生成或編譯文件。事實上，坊間也有做這些工作的工具。當你執行 Sphinx 時，它會幫你的專案建立基本的文件骨架。特別是當你加上 autodoc 副檔名（sphinx.ext.autodoc）時，這個工具會從程式碼取出 docstring 並將它們放在該函式的文件頁面內。

如果你有建立文件的工具，請公開它，讓它成為專案本身的一部分。當你參與開放原始碼專案時可以使用 read the docs，它會自動幫每一個版本分支產生文件（可設置的）。在公司的專案中，你可以使用同樣的工具或設置這些服務，但無論你做什麼決定，重點是準備好文件，讓團隊的所有成員都可以使用它。

不幸的是 docstring 有一個缺點——它與所有文件一樣，都需要你持續親自維護。當程式改變時，你就要更新它。另一個問題是為了讓 docstring 真正提供幫助，它們必須夠詳細，這需要使用好幾行文字。

維護正確的文件是軟體工程無法避免的挑戰。做這件事有它的道理，仔細想一下，文件需要人工編寫的原因是它的目的是要讓人閱讀的。如果它是自動產生的，可能就沒有太大的用途。為了讓文件產生價值，團隊的成員都必須同意它是需要人為干預的東西，因此需要付出心力。瞭解軟體的關鍵並非只有程式碼，它附帶的文件也是應交付的部分。因此，當函式被人修改時，更新那段程式對應的文件也一樣重要，無論那份文件是 wiki、使用者手冊、README 檔案，還是 docstring。

註釋

PEP-3107 加入了註釋的概念。它們的基本概念是提示程式的讀者“函式的引數值是什麼”。**提示**這個詞不是隨便使用的，註釋可以做型態提示，本章會在初步介紹註釋之後進一步說明。

註釋可用來指定已定義的變數應使用的型態。它不但與型態有關，也與“可以協助瞭解變數代表的意義”的任何詮釋資料有關。

請看以下的範例：

```
class Point:
    def __init__(self, lat, long):
        self.lat = lat
        self.long = long

def locate(latitude: float, longitude: float) -> Point:
    """用物體的座標在地圖中尋找它"""
```

我們在這裡使用 float 來指出 latitude 與 longitude 的期望型態。它們只是用來幫助函式的讀者瞭解函式希望收到的型態的資訊。Python 既不會檢查這些型態，也不會強制套用它們。

你也可以指定函式回傳值的預期型態。本例的 Point 是使用者定義的類別，它代表被回傳的東西是 Point 的實例。

但是可以拿來註釋的東西不是只有型態與內建物，基本上，在當前 Python 解譯器的範圍內有效的任何東西都可以放在那裡，例如用來解釋變數用途的字串、當成回呼（callback）的可呼叫物或驗證函式等等都可以。

隨著註釋的加入，Python 也加入新的特殊屬性，__annotations__。它可以用來讀取一個字典，字典裡面有我們定義的註釋名稱（鍵）及其對映的值。在本例中，字典的長相是：

```
>>> locate.__annotations__
{'latitude': float, 'longitue': float, 'return': __main__.Point}
```

我們可以用它來產生文件、進行驗證，或是在必要時強制檢查程式碼。

談到用註釋來檢查程式碼，這正是 PEP-484 的用途。這個 PEP 指定了型態提示的基本概念，也就是透過註釋來檢查函式的型態。我引用 PEP-484 本身的話來再次聲明：

> “Python 以後都是動態型態語言，作者不希望強制使用型態提示，即使按照規範也是如此。”

型態提示的概念是用別的工具（非解譯器的）來檢查與評估型態在整個程式碼裡面的用法，並且在發現不相容時提示使用者。稍後的章節會說明做這些檢查的工具 Mypy，也會討論如何為專案設置工具及使用它們。你現在可以將它當成一種 linter，可在程式碼內檢查型態的語義（semantic）。這種工具有時可以在執行測試和檢查時，協助你提早發現 bug。因此，你最好為專案設置 Mypy，並且像其他的靜態分析工具一樣使用它。

但是型態提示的意義不是只有檢查程式碼的型態而已。Python 3.5 之後的版本加入新的型態模組，大大改善在 Python 程式裡面定義型態與註釋的方式。

它的基本理念是將語義延伸到更有意義的概念上，讓我們（人類）更方便瞭解程式碼的意思，或是某處所期望的事物。例如，當你有一個函式用一個參數來處理串列或 tuple 時，你可以將這兩種型態之一做成註釋，甚至用一個字串來解釋它。但是在使用這個模組時，你也可以告訴 Python 它需要一個可迭代物或是序列（sequence）。你甚至可以認出它的型態或值，例如，知道它接收了一個整數序列。

當我寫這本書時，Python 做了一項關於註釋的改善——從 Python 3.6 開始，我們可以直接註釋變數，而不是只能註釋函式的參數及其回傳型態。這是在 PEP-526 加入的功能，讓你不需要對已定義的變數賦值就可以宣告它的型態，例如：

```
class Point:
    lat: float
    long: float

>>> Point.__annotations__
{'lat': <class 'float'>, 'long': <class 'float'>}
```

註釋可取代 docstring 嗎？

這是一個好問題，因為在還沒有註解的舊版 Python 裡面，將函式參數型態或屬性型態文件化的做法是為它們加上 docstring。當時甚至有一些格式規範，規定如何用 docstring 加入函式的基本資訊，包括型態、各個參數與結果的意義，以及函式可能引發的異常狀況。

現在它們大部分都可以用註釋以更紮實的方式來處理了，所以可能有人會懷疑是否還需要使用 docstring。答案是肯定的，因為它們是相輔相成的。

沒錯，有些之前放在 docstring 裡面的資訊已經被移到註釋了，但是這只代表我們為 docstring 留下空間來建立更好的文件。特別是對動態與嵌套式資料型態而言，提供希望收到的資料的範例絕對是個好方法，因為這樣才能讓人更瞭解將要使用的東西。

請看以下的範例。假如有一個函式期望收到一個字典來驗證資料：

```
def data_from_response(response: dict) -> dict:
    if response["status"] != 200:
        raise ValueError
    return {"data": response["payload"]}
```

這個函式接收一個字典，並回傳另一個字典。如果 "status" 鍵的值不符合期望，它可能會發出例外，但是這段程式沒有提供進一步的資訊。例如，正確的 response 物件實例究竟長怎樣？ result 實例長怎樣？為了解決這兩個問題，有一種很好的做法是用文件來說明這個函式希望透過參數接收的資料，以及它回傳的資料。

我們來看一下能否藉助 docstring 來更詳細地說明：

```
def data_from_response(response: dict) -> dict:
    """如果回應是 OK，則回傳它的負載。

    - response:A dict like::

    {
        "status": 200, # <int>
        "timestamp": "....", # 當前日期時間的 ISO 格式字串
        "payload": { ... } # 含回傳資料的 dict
    }

    - Returns a dictionary like::

    {"data": { .. } }

    - Raises:
    - ValueError if the HTTP status is != 200
    """
    if response["status"] != 200:
        raise ValueError
    return {"data": response["payload"]}
```

這就更能夠讓人瞭解這個函式期望收到與回傳什麼東西了。文件是很好用的輸入機制，它不但可以幫助瞭解被四處傳遞的東西是什麼，當你做單元測試時，它也是很寶貴的來源。我們可以從這裡衍生資料當成測試的輸入來使用，並且能夠知道值是正確或錯誤的。事實上，測試程式也可以當成程式碼的可互動文件，不過這要留待稍後解釋。

我們現在可以知道鍵有哪些可能的值以及它們的型態，並且更具體地瞭解資料的外觀。如前所述，我們需要付出的代價是它占用好幾行的文字，而且需要詳細地說明才能發揮真正的效果。

設置強制執行基本品管的工具

本節將介紹如何設置基本工具來自動檢查程式碼，目的是利用部分的重複性驗證檢查。

之前提過，程式碼是讓我們人類瞭解的，所以只有我們可以判斷程式碼的好壞，這是重點所在。我們應該投資時間來審查程式碼、思考什麼是好程式，以及它是否容易閱讀和理解。當你閱讀同事編寫的程式時，要考慮下列問題：

- 同事容易理解和依循這些程式嗎？
- 它是否以問題領域為依據？
- 新同事能否理解它，並有效率地使用它？

之前談過，將程式碼格式化、使用一致的排版、做適當的縮排都是基礎程式必備的特徵，但這些還不夠，它們是我們這種具備高度品質意識的工程師認為理所當然的事情，所以我們所閱讀與撰寫的程式都不應只是符合這些基本的排版概念。因此，我們不想要把時間浪費在檢查這些項目上，而是要更有效率地查看程式的模式，以瞭解它真正的意義，並提供有價值的結果。

這些檢查都必須是自動化的。它們應該成為測試或檢查清單的一部分，而這些部分也應該成為持續整合版本的一部分。如果有未通過檢查的項目，我們就讓組建失敗。唯有如此，才能真正確保程式碼的結構永遠具備連續性。它也是一種可供團隊參考的客觀參數。與其讓團隊的一些工程師或領導者不斷在程式碼審查時做出關於 PEP-8 的評論，比較客觀的做法是直接讓組建自動失敗。

用 Mypy 做型態提示

Mypy（`http://mypy-lang.org/`）是執行 Python 靜態型態檢查的主力工具。它被安裝之後可以分析專案的所有檔案，檢查型態的使用是否有不一致的情況。它很方便的地方在於，在多數情況下，它可以在早期找到實際的 bug，但有時也會產生偽陽性（false positive）的結論。

你可以用 `pip` 安裝它，建議你將它加入設定檔，讓它成為專案的依賴項目：

```
$ pip install mypy
```

當你在虛擬環境安裝它並執行上面的命令之後，它就可以回報型態檢查的結果了。試著盡量採納它的報告，因為在多數情況下，它找到的東西都有助於避免悄悄溜進產品中的錯誤。但是這種工具不是完美的，如果你認為它的報告是偽陽性的，可以用這個標記來忽略那一行註解：

```
type_to_ignore = "something" # type: ignore
```

用 Pylint 來檢查程式

坊間有許多工具可檢查 Python 程式的結構（基本上就是遵守 PEP-8），例如 pycodestyle（之前稱為 PEP-8）、Flake8 等等。它們都是可設置的，只要執行它們提供的命令就可以使用它們。其中，我發現 Pylint 是最完整（且嚴謹）的一種。它也是可設置的。

同樣的，你只要用 pip 在虛擬環境安裝它就可以了：

```
$ pip install pylint
```

接著只要執行 pylint 命令就可以檢查程式了。

你也可以透過名為 pylintrc 的組態檔來配置 Pylint。

你可以在這個檔案裡面啟用或停用某些規則，或是將其他規則參數化（例如，改變欄位的最大長度）。

設定自動檢查

在 Unix 開發環境中，最常見的工作方式是使用 makefile。**makefile** 這種強大的工具可讓我們配置想要在專案中執行的命令，大部分都用來編譯、執行等等。此外，我們也可以在專案根目錄使用 makefile 來配置一些命令，來自動檢查程式碼的格式和規範。

你可以幫每一個測試指定目標，再一起執行測試，例如：

```
typehint:
mypy src/ tests/

test:
pytest tests/

lint:
pylint src/ tests/
```

```
checklist: lint typehint test

.PHONY: typehint test lint checklist
```

我們要執行的命令（在開發機器與持續整合環境版本中）是：

```
make checklist
```

它會用下面的步驟來執行每一項工作：

1. 檢查程式是否符合編寫準則（例如 PEP-8）
2. 接著在程式碼中檢查型態的使用
3. 最後執行測試

如果任何一個步驟失敗了，整個程序都會視為失敗。

除了在版本中配置這些自動化的檢查之外，讓團隊遵守某個規範，以及以自動化的方式來建構程式碼也是很好的做法。Black（`https://github.com/ambv/black`）之類的工具可以將程式碼自動格式化。坊間還有許多可以自動編輯程式碼的工具，但 Black 有趣的地方在於它是用獨特的形式來做這件事。它非常堅持己見且具備確定性（deterministic），因此程式碼最終必定有相同的排版方式。

例如，Black 的字串必定使用雙引號，參數的順序一定遵循相同的結構。這聽起來或許很沒彈性，但唯有這種做法可將程式碼的差異減至最低。如果程式碼始終遵循相同的結構，當你修改程式時，pull request 只會顯示實際的更改，不會有多餘的資訊。它的局限性比 PEP-8 強，但它也很方便，因為當你用工具直接將程式碼格式化時，就可以把焦點放在眼前的問題上，而不需要處理格式的問題。

在寫這本書時，它唯一可以設置的選項就是每一行的長度。其他的東西都會被專案的標準更正。

下面是符合 PEP-8，但不符合 `black` 規範的程式：

```
def my_function(name):
    """
    >>> my_function('black')
    'received Black'
    """
    return 'received {0}'.format(name.title())
```

接下來，我們可以執行下面的命令來將檔案格式化：

```
black -l 79 *.py
```

接著，我們可以看到這個工具寫了些什麼：

```
def my_function(name):
  """
  >>> my_function('black')
  'received Black'
  """
  return "received {0}".format(name.title())
```

較複雜的程式可能會被更改更多東西（結尾的逗號等等），但它的概念很易懂。再次強調，它很堅持己見，但使用工具來協助處理細節仍然是好方法。這也是 Golang 社群在很久以前就學會的事情，以致於有一種標準工具程式庫 got fmt 可根據語言的規範來將程式碼自動格式化。很棒的是，現在 Python 也有類似的工具了。

這些工具（Black、Pylint、Mypy 等等）可以和編輯器或 IDE 整合，讓你的工作更輕鬆。設置編輯器並且在你儲存檔案時（或藉由捷徑）做這類的修改是很棒的投資。

結論

我們已經初步瞭解簡潔程式碼的概念，並解釋如何實現它了，這些知識是本書接下來的內容的基石。

更重要的是，我們知道簡潔的程式比程式碼的結構與排版更重要。當我們檢查程式碼是否正確時，應該把焦點放在它能否呈現它的理念。簡潔的程式碼與易讀性、易維護性、盡量降低技術債務，以及“有效地溝通理念讓別人瞭解我們最初的意圖”息息相關。

但是我們也提到，出於許多原因，遵循程式碼編寫風格與準則也很重要。我們認為它們是必須但不充分的。由於它是每一個紮實的專案都應該遵守的基本要求，所以用工具來處理比較好。因此，將這些檢查自動化至關重要，所以我們必須知道如何設置 Mypy、Pylint 等工具。

下一章會更深入地討論 Python 專屬的程式碼，以及如何以符合風格的 Python 來表達想法。我們會討論讓程式碼更緊湊且有效的 Python 典型表達風格。透過分析你將會看到，一般而言，Python 完成工作的概念和手段與其他語言是不同的。

2
符合 Python 風格的程式

本章將討論以 Python 獨有的風格來表達思想的做法。如果你熟悉以程式完成工作的標準做法（例如取得串列的最後一個元素、迭代、搜尋等等），或用過比較傳統的程式語言（例如 C、C++ 與 Java），你可以發現，Python 通常會用它獨有的機制來處理多數常見的工作。

在程式語言中，典型寫法（idiom）是為了執行特定工作而採取的特殊寫法。它是經常出現、不斷重複，而且每次都使用同一種結構的東西。有人甚至將它稱為模式（pattern），不過請小心，它們不是設計模式（稍後會討論）。這兩者主要的差異在於設計模式是高階的概念，與（某些）語言無關，不會立刻轉換成程式碼，但是典型寫法是實際的程式碼，它代表當我們想要執行特定工作時，應該採取的編寫方式。

典型寫法是與語言有關的程式碼。每一種語言都有自己的表達風格，它們代表各種語言完成工作的方式（例如，如何在 C、C++ 等語言中打開與寫入檔案）。當程式碼遵循這些表達風格時，它們就是符合語言習慣寫法的（idiomatic），在 Python 中，通常稱為 **Pythonic**（符合 Python 習慣寫法的）。

出於很多原因，你最好遵循這些建議並且編寫符合 Python 風格的程式（接下來會介紹與分析）。用符合習慣的方式寫出來的程式通常有較好的表現，也比較紮實且易於瞭解，它們都是為了讓程式有效運作而最好能夠擁有的特性。其次，正如上一章介紹的，讓整個開發團隊習慣使用相同的模式與結構非常重要，因為這能夠協助他們專注於問題的本質和避免犯錯。

本章的目標如下：

- 讓你瞭解索引與切片（slice），以正確寫出可檢索的物件
- 實作序列與其他可迭代物
- 瞭解環境管理器的優良使用案例
- 用魔術方法來實作更符合習慣的程式碼
- 避免經常造成意外副作用的 Python 錯誤

索引與切片

如同其他的語言，在 Python 中，有些資料結構或型態都提供索引來讓人存取它的元素。多數的程式語言還有一件相同的事情——它們會把第一個元素放在索引數字零裡面。但是與其他語言不同的是，當你要用不同的順序來存取元素時，Python 也提供了額外的功能。

例如，C 語言的最後一個陣列元素如何存取？這是我第一次使用 Python 時做過的事情。我採取 C 的做法，讀取陣列長度減一那個位置的元素。這種做法有效，但你也可以使用負數索引從後面算回來，例如這些命令：

```
>>> my_numbers = (4, 5, 3, 9)
>>> my_numbers[-1]
9
>>> my_numbers[-3]
5
```

除了只取得一個元素之外，你也可以使用 `slice` 來取得許多元素，例如這些命令：

```
>>> my_numbers = (1, 1, 2, 3, 5, 8, 13, 21)
>>> my_numbers[2:5]
(2, 3, 5)
```

在這個例子中，方括號裡面的意思是你要取得這個 tuple 從第一個數字索引開始（包括），到第二個索引為止（不包括）的所有元素。Python 的 slice 會排除區段的結束元素。

你可以不指定區段的開始或結束元素，此時 Python 分別從序列的開始與結束處開始處理，例如：

```
>>> my_numbers[:3]
(1, 1, 2)
>>> my_numbers[3:]
(3, 5, 8, 13, 21)
>>> my_numbers[::]
(1, 1, 2, 3, 5, 8, 13, 21)
>>> my_numbers[1:7:2]
(1, 3, 8)
```

第一個範例取得位置號碼 3 的索引之前的所有東西。第二個範例取得從位置 3（包含）開始到結束的所有數字。倒數第二個範例不使用前後兩端，所以實際上會建立原始 tuple 的複本。

最後一個範例加入第三個參數，它是間隔，代表每次要跳過多少個元素。在本例中，它代表取得位置一與七之間每隔兩個位置的元素。

在所有的例子中，當我們傳遞一個區段給序列時，實際上就是在傳遞 `slice`。`slice` 是 Python 內建的物件，你可以自行建立與直接傳遞它：

```
>>> interval = slice(1, 7, 2)
>>> my_numbers[interval]
(1, 3, 8)

>>> interval = slice(None, 3)
>>> my_numbers[interval] == my_numbers[:3]
True
```

請注意，當你不使用其中的元素時（開始、停止或間隔），它就會被視為無（none）。

請優先使用這種內建的 slice 語法，不要試著用 `for` 迴圈來迭代 tuple、字串或串列，親手排除元素。

建立你自己的序列

剛才討論的功能是用一種稱為 `__getitem__` 的魔術方法做成的。當類似 `myobject[key]` 的東西被呼叫時，就會呼叫那個方法，並以參數傳入鍵（方括號裡面的值）。具體來說，序列是一種實作了 `__getitem__` 和 `__len__` 的物件，因此，它是可以迭代的。串列、tuple 與字串都是標準程式庫內的序列物件。

本節想要討論的是用鍵從物件中取得特定的元素，而不是建立序列或可迭代物件，後者是**第七章，使用產生器**的主題。

如果你想要在自訂類別內實作 `__getitem__`，也必須考慮一些因素以遵守 Python 的習慣做法。

如果你的類別包裝了標準程式庫的物件，可以盡量將行為委託給底層的物件。也就是說，如果你的類別其實是串列的包裝，那麼呼叫串列的同一組方法可確保類別保持相容。下面的範例用物件來包裝串列，我們將想要使用的方法委託給 `list` 串列的對應版本：

```
class Items:
    def __init__(self, *values):
        self._values = list(values)

    def __len__(self):
        return len(self._values)

    def __getitem__(self, item):
        return self._values.__getitem__(item)
```

這個範例使用了封裝。另一種做法是透過繼承，此時我們必須擴展基本類別 `collections.UserList`，本章的最後一個部分會說明這種做法的注意事項。

但是如果你要實作自己的序列，而且它不是個包裝，也不依賴任何內建的底層物件，請記得以下幾點：

- 用一個範圍來取值時，得到的結果應該是與類別同一個型態的實例
- 用 `slice` 來提供範圍時，應遵守 Python 使用的語義，不納入結束的元素

第一點可避免不起眼的錯誤。試想一下——當你取得一個串列的 slice 時，結果將是一個串列；當你索取 tuple 內的一個範圍時，結果將是一個 tuple；當你索取子字串時，結果將是個字串。在這些例子中，讓結果的型態與原始物件相同是合理的。假如你建立一個代表一段日期的物件，當有人索取那段日期內的某個範圍時，讓它回傳串列或 tuple 或其他東西都是錯誤的。它應該回傳一個同樣類別的新區段集合實例。關於這一點的最佳案例是標準程式庫的 range 函式。在 Python 2 時，range 函式會建立串列。現在當你用一個區段來呼叫 range 時，它會建立一個可迭代物件，且這個物件知道如何產生指定範圍的值。當你指定那個範圍內的一個區段時，會得到一個新的範圍（很合理），而不是串列：

```
>>> range(1, 100)[25:50]
range(26, 51)
```

第二條規則與一致性有關——如果你的程式碼與 Python 本身保持一致，可讓程式的使用者更熟練地使用它。身為 Python 開發者，我們已經習慣 slice、range 函式等等工具的運作方式了。在自訂類別中建立不一樣的行為會造成混淆，讓它更難以記憶，而且可能會造成 bug。

環境管理器

環境管理器（context manager）是 Python 獨有的實用功能，實用的原因是它們可以對模式做出正確的回應。模式就是當我們執行某段程式時的每一種情況，它有先決條件與後置條件，也就是在執行主要動作之前與之後要執行的東西。

在多數情況下，我們可以在資源管理程式附近看到環境管理器。例如，當檔案被打開時，我們要在處理它之後確保它們被關閉（這樣才不會洩漏檔案描述符），或者當我們打開一項服務的連結時（或者是通訊端），也要相應地關閉它，或是在移除暫時性檔案時…等等。

在這些情況下，你通常要記得釋出之前配置的所有資源，但這只是需要考慮的基本狀況——如果你還要處理例外與錯誤呢？如果需要處理所有的組合與程式執行路徑，我們將難以除錯，解決這種問題最常見的方式就是把清理程式放在 finally 區塊，以確保不會漏掉它。例如，以下是一個非常簡單的案例：

```
fd = open(filename)
try:
    process_file(fd)
finally:
    fd.close()
```

但是還有一種更優雅而且更符合 Python 習慣的做法可以產生相同的效果：

```
with open(filename) as fd:
    process_file(fd)
```

這個 with 陳述式（PEP-343）會進入環境管理器。本例的 open 函式實作了環境管理器協定，所以當這個區塊結束時，檔案會自動關閉，就算有例外發生時也是如此。

環境管理器有兩個魔術方法：`__enter__` 與 `__exit__`。在環境管理器的第一行，with 陳述式會呼叫第一個方法 `__enter__`，並將這個方法回傳的東西指派給 as 後面的變數。這是選擇性的——我們不一定要讓這個 `__enter__` 方法回傳任何特定內容，就算這樣做了，也不一定要將它指派給一個變數。

這一行程式執行之後，程式碼會進入一個新的環境，任何其他 Python 程式碼都可以在裡面執行。這個區塊的最後一個陳述式完成之後，我們就會離開這個環境，所以 Python 會呼叫我們之前呼叫的環境管理器物件的 `__exit__` 方法。

如果在環境管理器區塊裡面有例外或錯誤，`__exit__` 方法仍然會被呼叫，讓我們可以安全地清理環境。事實上，這個方法會接收在區塊中引發的例外，讓我們可以用自訂的方式來處理它。

儘管環境管理器通常被用來處理資源（例如之前談過的檔案、連結等等案例），但這不是它們唯一的用途。我們也可以實作自己的環境管理器來處理特定的邏輯。

如果你要分離關注點並將隔離應該保持獨立的元素（因為混合它們讓人難以維護邏輯），環境管理器是很好用的工具。

例如，假設你要用腳本來備份資料庫，而且備份必須離線操作，也就是說，你只能在資料庫未運行的情況下做這件事，因此必須停止它。執行備份之後，你想要確保程序再次啟動，無論備份程序本身如何進行。第一種做法是建立一個巨大的單體函式，試著在同一個地方做每一件事情，包括停止服務、執行備份、處理例外與所有可能的罕見狀況，最後試著再次啟動服務。你可以自己想像一下這個函式，我就不贅述細節了。下面是用環境管理器來處理這個問題的方式之一：

```
def stop_database():
    run("systemctl stop postgresql.service")

def start_database():
    run("systemctl start postgresql.service")

class DBHandler:
```

```
    def __enter__(self):
        stop_database()
        return self

    def __exit__(self, exc_type, ex_value, ex_traceback):
        start_database()

def db_backup():
    run("pg_dump database")

def main():
    with DBHandler():
        db_backup()
```

在這個範例中，我們在區塊內不需要環境管理器的結果，所以可以無視 `__enter__` 的回傳值（至少在這個案例中）。當我們設計環境管理器時，應該考慮區塊開始執行時需要哪些東西，無論如何都讓 `__enter__` 回傳某些東西通常是很好的做法（但這不是強制性的）。

在這個區塊中，我們只執行備份工作，前面提過，它與維護工作無關。我們也談過，就算備份工作有錯誤，`__exit__` 仍然會被呼叫。

請留意 `__exit__` 方法的簽章。它接收在區塊內引發的例外的值。如果區塊內沒有例外，它們都是 none。

需注意 `__exit__` 的回傳值。一般來說，我們希望讓方法保持原樣，不回傳任何特別的東西。如果這個方法回傳 `True`，代表可能有例外被引發了，它不會傳給呼叫方，而是會在那裡停止。有時這是我們想要的效果，或許會根據例外的類型來決定處理方式，但一般來說，吞下例外不是好方法。切記：不要讓錯誤默默地溜走。

記得不要不小心讓 `__exit__` 回傳 `True`。如果你這樣做，請確定這是你要的行為，而且有很好的理由。

實作環境管理器

一般來說，我們可以實作上一個範例的那種環境管理器。只要你有一個實作了魔術方法 `__enter__` 與 `__exit__` 的類別，那個物件就可以支援環境管理器協定了。雖然環境管理器經常用這種方式製作，但這不是唯一的做法。

本節除了介紹環境管理器的其他實作方式（有時比較紮實）之外，也要介紹如何使用標準程式庫來充分利用它們，具體來說，我們將使用 contextlib 模組。

contextlib 模組有許多輔助函式與物件可協助實作環境管理器或使用既有的環境管理器來協助寫出比較紮實的程式碼。

先來看一下 contextmanager 裝飾器。

當你將 contextlib.contextmanager 裝飾器套用到函式時，它會將那個函式的程式轉換成環境管理器。那個函式必須是特殊的函式，稱為**產生器（generator）**函式，它會將陳述式分成兩個部分，之後這兩個部分會被分別放入 __enter__ 與 __exit__ 魔術方法。

如果你還不熟悉裝飾器與產生器先不用擔心，因為接下來的範例會解釋一切，無論如何，你都可以理解與運用這個配方與習慣寫法。我們會在**第七章，使用產生器**討論這些主題。

我們可以用 contextmanager 裝飾器將上面的範例改寫成這個等效程式：

```
import contextlib

@contextlib.contextmanager
def db_handler():
    stop_database()
    yield
    start_database()

with db_handler():
    db_backup()
```

我們在這裡定義一個產生器函式，並且對它套用 @contextlib.contextmanager 裝飾器。這個函式的 yield 陳述式讓它成為產生器。再次聲明，這個例子的目的不是討論產生器的細節。你只要知道當你套用裝飾器時，在 yield 陳述式前面的每一個東西都會被執行，就像它是 __enter__ 方法的一部分一般。接著 yield 的值是環境管理器的計算結果（__enter__ 回傳的東西）以及被指派給變數的東西，如果我們選擇指派它，例如使用 as x: ——本例不產生任何結果（代表產生的值將是 none），但你也可以 yield 一個陳述式，這個陳述式將會變成可在環境管理器區塊裡面使用的東西。

此時，產生器函式暫停，我們會進入環境管理器，同樣的，我們在那裡執行資料庫的備份程式。完成後，恢復執行，所以我們可將 yield 陳述式之後的每一行視為 __exit__ 邏輯的一部分。

以這種方式來編寫環境管理器有一些好處，包括更容易重構既有的函式、重用程式碼，而且當我們需要不屬於任何特定物件的環境管理器時，非常適合採取這種做法。加入額外的魔術方法會讓程式領域的其他物件更耦合、功能更多，並且可能讓你必須提供不應該提供的東西。當我們只需要環境管理函式，不需要保存許多狀態，而且它完全獨立於其他類別時，這種做法應該是不錯的選擇。

但是我們還有許多實作環境管理器的方法，之前提過，我們的解決方案是標準程式庫的 contextlib。

contextlib.ContextDecorator 是另一種輔助程式，它是個 mixin 基礎類別，提供了 "將裝飾器套用至函式，讓它可在環境管理器中執行" 的邏輯，至於環境管理器本身的邏輯必須藉由實作之前提到的魔術方法來提供。

當你使用這個類別時必須擴展它，並實作方法的邏輯：

```
class dbhandler_decorator(contextlib.ContextDecorator):
    def __enter__(self):
        stop_database()

    def __exit__(self, ext_type, ex_value, ex_traceback):
        start_database()


@dbhandler_decorator()
def offline_backup():
    run("pg_dump database")
```

有沒有發現它與之前的範例有什麼不同？它沒有 with 陳述式。我們只要呼叫函式，就可以讓 offline_backup() 在環境管理器裡面自動執行了。這就是這個基礎類別提供的邏輯，我們將它當成一個裝飾器來包裝原始的函式，讓它在環境管理器中執行。

這種做法唯一的缺點是：出於物件的工作方式，它們是完全獨立的（這是一種好特性）——裝飾器不知道關於它裝飾的函式的任何事情，而之亦然。這代表你無法在環境管理器裡面取得想要使用的物件（例如使用 with offline_backup() as bp:），所以如果你真的需要使用 __exit__ 方法回傳的物件的話，之前的做法比較好。

作為裝飾器，它也擁有 "只定義一次邏輯" 的優點，我們只要將裝飾器套用到需要使用同一種固定邏輯的其他函式上就可以任意重用它。

接下來要討論 contextlib 的最後一種功能，看看我們還可以從環境管理器得到什麼好處，以及瞭解可以用它們來做哪些事情。

特別注意，contextlib.suppress 是進入環境管理器的 util 套件，當它收到的例外被引發時，它不會失敗。這就像是在 try/except 區塊裡面執行相同的程式並傳遞一個例外或 log 它，但兩者的差異在於呼叫 suppress 方法可更明確地指出這些例外是受控制的邏輯。

例如，考慮以下的程式：

```
import contextlib

with contextlib.suppress(DataConversionException):
    parse_data(input_json_or_dict)
```

在這裡，當例外出現時，代表被輸入的資料已經是期望收到的格式了，所以不需要進行轉換，因而你可以放心地忽略它。

特性、屬性，以及物件方法的各種型態

在 Python 中，物件的所有特性和函式都是公用的（public），這一點與特性有可能是公用（public）、私用（private）或受保護（protected）的其他語言不同。這意味著防止物件的任何屬性被呼叫方使用是沒有意義的。這是與“可將屬性標記為 private 或 protected 的其他語言”的差異之一。

雖然 Python 沒有嚴格的限制，但仍然有一些規範。名稱的開頭有底線的屬性代表它是它的物件私用的，不希望外部的程式呼叫它（但是，再次強調，你無法阻止這件事發生）。

在真正討論特性的細節之前，我們要先來聊聊底線在 Python 的特點，瞭解它的規範以及屬性的範圍。

Python 的底線

在 Python 中，底線的使用有一些規範與實作細節，這是一個值得分析且有趣的主題。

如前所述，在預設情況下，物件的所有屬性都是公用的。考慮這個範例：

```
>>> class Connector:
...     def __init__(self, source):
...         self.source = source
...         self._timeout = 60
...
>>> conn = Connector("postgresql://localhost")
>>> conn.source
'postgresql://localhost'
>>> conn._timeout
60
>>> conn.__dict__
{'source': 'postgresql://localhost', '_timeout':60}
```

Connector 物件是用 source 建立的，它最初有兩個屬性 —— 上述的 source 與 timeout。前者是公用的，後者是私用的。但是在接下來幾行的命令中，當我們建立一個這樣的物件時，其實可以存取它們兩者。

程式聲明 _timeout 只能在 connector 本身裡面存取，絕不能從呼叫方存取。這意味著你應該組織程式碼，基於“timeout 不是要讓物件外面的程式呼叫的（只能讓內部）”這個事實，在必要的時候安全地重構 timeout，並且保留與之前一樣的介面。遵守這些規則可讓程式更容易維護且更強健，因為我們不需要擔心在維護介面並重構程式碼時產生連鎖反應。同樣的原則也可用在方法上。

物件只應該公開與外部的呼叫方有關的屬性與方法，也就是想在介面公開的項目。嚴格來說不屬於物件介面的東西，名稱前面都必須加上底線。

這是明確定義物件介面的 Python 習慣做法。但是很多人誤以為他們真的可將某些屬性與方法做成私用的。再次強調，這是誤會。以下是改用雙底線來定義 timeout 屬性時的情形：

```
>>> class Connector:
...     def __init__(self, source):
...         self.source = source
...         self.__timeout = 60
...
...     def connect(self):
...         print("connecting with {0}s".format(self.__timeout))
...         # ...
```

```
...
>>> conn = Connector("postgresql://localhost")
>>> conn.connect()
connecting with 60s
>>> conn.__timeout
Traceback (most recent call last):
  File "<stdin>", line 1, in <module>
AttributeError:'Connector' object has no attribute '__timeout'
```

有些開發者會用這個例子的方法來隱藏屬性，認為如此一來 timeout 就是 private 了，所以其他的物件都無法修改它。看看試著存取 __timeout 後引發的例外，它是 AttributeError，代表它不存在，它不是說 " **這是私用的** " 或 " **這無法存取** " 之類的話，而是說它不存在。這意味著有某些不一樣的事情發生了，而且它是一種副作用（side effect），但它不是我們真正想要的效果。

事實上，當你使用雙底線時，Python 會幫屬性建立不同的名稱（稱為**名稱重整（name mangling）**），它的做法是改用這種名稱來建立屬性："_<class-name>__<attribute-name>"。在這個例子中，Python 會建立名為 '_Connector__timeout' 的屬性，這個屬性可以用下列方式讀取（與修改）：

```
>>> vars(conn)
{'source': 'postgresql://localhost', '_Connector__timeout':60}
>>> conn._Connector__timeout
60
>>> conn._Connector__timeout = 30
>>> conn.connect()
connecting with 30s
```

請注意稍早談過的副作用——屬性只會以不同的名稱存在，所以當我們第一次試著讀取它時，出現了 AttributeError。

Python 的雙底線有全然不同的功能，它的目的是為了覆寫將會被繼承多次的類別裡面的方法，避免產生重複的方法名稱。這個牽強的使用案例不足以證明使用這種機制的合理性。

使用雙底線是不符合 Python 風格的做法。如果你要將屬性定義為私用的，就使用單底線，並遵循 Python 習慣，將它視為私用屬性。

不要使用雙底線。

特性

當物件只需要保存值時，我們可以用一般的屬性。有時我們可能想要用物件的狀態與其他屬性的值來做一些計算，多數情況下，此時很適合使用特性（property）。[譯註 1]

當我們需要定義針對物件的某些屬性的存取控制時，就會使用特性，這也是另一種 Python 與眾不同的做法。在其他程式語言中（例如 Java），我們要建立存取方法（getter 與 setter），但 Python 習慣以特性來取代它們。

假如我們有個可讓使用者註冊的應用程式，並且想要避免錯誤的使用者資訊，例如 email：

```
import re

EMAIL_FORMAT = re.compile(r"[^@]+@[^@]+\.[^@]+")

def is_valid_email(potentially_valid_email: str):
    return re.match(EMAIL_FORMAT, potentially_valid_email) is not None


class User:
    def __init__(self, username):
        self.username = username
        self._email = None

    @property
    def email(self):
        return self._email

    @email.setter
    def email(self, new_email):
        if not is_valid_email(new_email):
            raise ValueError(f"Can't set {new_email} as it's not a
            valid email")
        self._email = new_email
```

將 email 放在 property 下面可以免費得到一些好處。在本例中，第一個 `@property` 方法會回傳私用屬性 `email` 的值。如前所述，屬性開頭的底線代表它是私用的，因此我們不應該在類別外面存取它。

譯註 1　本書將 property 與 attribute 視為不同物件，故前者譯為“特性”，後者譯為“屬性”。

第二個方法使用 `@email.setter` 以及上一個方法定義的特性，它是呼叫方執行 `<user>.email = <new_email>` 時呼叫的方法，且 `<new_email>` 會變成這個方法的參數。我們在此明確地定義一個驗證，當使用者設定的值不是正確的 email 地址時會失敗。如果 email 是正確的，它會將屬性改成新值如下：

```
>>> u1 = User("jsmith")
>>> u1.email = "jsmith@"
Traceback (most recent call last):
...
ValueError:Can't set jsmith@ as it's not a valid email
>>> u1.email = "jsmith@g.co"
>>> u1.email
'jsmith@g.co'
```

比起在自訂方法名稱的前面加上 `get_` 或 `set_`，這種做法紮實多了。你可以清楚地看到它想要處理的東西，因為它指出 `email`。

不要為物件的所有屬性編寫自訂的 `get_*` 與 `set_*` 方法。多數情況下，你只要使用一般的屬性就夠了。如果你需要修改“讀取或修改屬性”的邏輯，那就使用特性。

特性很適合用來實作“命令 / 查詢職責分離（command and query separation）”（CC08）。命令 / 查詢職責分離是指物件的方法只能回應某件事或做某件事，不能同時處理兩者。如果物件的方法在做一件事的同時回傳一個狀態來回答那件事做得如何，它做的事情就不止一件，顯然違反“函式只應該做一件事”的原則。

而且方法的名稱可能還會造成更大的混淆，讓讀者更難以瞭解程式碼真正的目的。例如，如果有個方法稱為 `set_email`，當你這樣使用它時：`if self.set_email("a@j.com"): ...`，它會做什麼事情？它會將 email 設為 `a@j.com` 嗎？還是確認 email 是不是已經被設成那個值了？還是兩者（設定，接著檢查狀態是否正確）？

我們可以使用特性來避免這種混淆。`@property` 裝飾器是回答問題的查詢，而 `@<property_name>.setter` 是執行工作的命令。

從這個範例也可以延伸另一個好建議——不要在一個方法裡面做超過一件事。如果你想要指派某個值，接著檢查那個值，請將它拆成兩個以上的句子。

方法只應該做一件事。如果你想要執行一個動作接著檢查狀態，就用不同的方法做這些事情，以不同的陳述式呼叫它們。

可迭代物件

在 Python 中，有些物件在預設情況下是可迭代的。例如串列、tuple、集合與字典不但可以用我們希望的結構來保存資料，也可以用 `for` 迴圈來迭代，重複取出裡面的值。

但是除了內建的可迭代物件之外，`for` 迴圈也可以處理其他物件。我們也可以建立自己的可迭代物，並使用自己定義的迭代邏輯。

同樣的，我們要使用魔術方法才能做這些事情。

Python 的迭代是用它自己的協定來運作的（稱為迭代協定）。當你試著用 `for e in myobject:...` 這種格式來迭代物件時，Python 會在極高的層面上依序檢查這兩件事：

- 物件有沒有兩種迭代器方法之一：`__next__` 或是 `__iter__`
- 物件是不是序列，而且有 `__len__` 與 `__getitem__`

因此，作為後備機制，序列是可迭代的，所以你可以用兩種方式來自製 `for` 迴圈可處理的物件。

建立可迭代物件

當你試著迭代物件時，Python 會對它呼叫 `iter()` 函式。這個函式會先檢查物件有沒有 `__iter__` 方法，如果有，就執行那個方法。

下面的程式會建立一個可迭代一個日期範圍的物件，每執行一次迴圈就會產生一個日期：

```
from datetime import timedelta

class DateRangeIterable:
    """這個可迭代物裡面有自己的迭代器物件。"""

    def __init__(self, start_date, end_date):
        self.start_date = start_date
        self.end_date = end_date
        self._present_day = start_date

    def __iter__(self):
```

```
        return self

    def __next__(self):
        if self._present_day >= self.end_date:
            raise StopIteration
        today = self._present_day
        self._present_day += timedelta(days=1)
        return today
```

這個物件要用兩個日期來建立，當它被迭代時，會產生指定日期區段內的每一天，例如：

```
>>> for day in DateRangeIterable(date(2018, 1, 1), date(2018, 1, 5)):
...     print(day)
...
2018-01-01
2018-01-02
2018-01-03
2018-01-04
>>>
```

這裡的 for 迴圈會對著物件啟動一個新的迭代。此時，Python 會對它呼叫 iter() 函式，接著呼叫 __iter__ 魔術方法。這個方法的定義是回傳自己，代表這個物件本身是個可迭代物，所以迴圈的每一個步驟都會對該物件呼叫 next()，接著委託給 __next__ 方法。我們在這個方法裡面決定如何產生元素，並每次回傳一個。如果沒有別的東西需要產生了，我們就發出 StopIteration 例外來通知 Python。

這意味著實際的情況類似：Python 每次都對我們的物件呼叫 next()，直到出現 StopIteration 例外為止，此時，它就知道必須停止 for 迴圈了：

```
>>> r = DateRangeIterable(date(2018, 1, 1), date(2018, 1, 5))
>>> next(r)
datetime.date(2018, 1, 1)
>>> next(r)
datetime.date(2018, 1, 2)
>>> next(r)
datetime.date(2018, 1, 3)
>>> next(r)
datetime.date(2018, 1, 4)
>>> next(r)
Traceback (most recent call last):
  File "<stdin>", line 1, in <module>
  File ... __next__
```

```
        raise StopIteration
StopIteration
>>>
```

這個範例可以運作，但有一個小問題——我們跑完所有元素之後，可迭代物會持續是空的，因而引發 StopIteration。這代表如果我們在連續兩個以上的 for 迴圈中使用它時，只有第一個有效，第二個將是空的：

```
>>> r1 = DateRangeIterable(date(2018, 1, 1), date(2018, 1, 5))
>>> ", ".join(map(str, r1))
'2018-01-01, 2018-01-02, 2018-01-03, 2018-01-04'
>>> max(r1)
Traceback (most recent call last):
  File "<stdin>", line 1, in <module>
ValueError: max() arg is an empty sequence
>>>
```

原因在於迭代協定的工作方式——迭代器是可迭代物建構的，且可迭代物是被迭代的對象。在本例中，__iter__ 只回傳 self，但我們也可以讓它在每次被呼叫時建立一個新的迭代器。修正這個問題的其中一種方式是建立新的 DateRangeIterable 實例，這不麻煩，但我們可以讓 __iter__ 使用產生器（它是迭代器物件），它每次都會被建立：

```
class DateRangeContainerIterable:
    def __init__(self, start_date, end_date):
        self.start_date = start_date
        self.end_date = end_date

    def __iter__(self):
        current_day = self.start_date
        while current_day < self.end_date:
            yield current_day
            current_day += timedelta(days=1)
```

這一次，它是有效的：

```
>>> r1 = DateRangeContainerIterable(date(2018, 1, 1), date(2018, 1, 5))
>>> ", ".join(map(str, r1))
'2018-01-01, 2018-01-02, 2018-01-03, 2018-01-04'
>>> max(r1)
datetime.date(2018, 1, 4)
>>>
```

兩者的差異在於後者的每一個 for 迴圈都會再次呼叫 `__iter__`，而且都會再次建立產生器。

這種東西稱為**容器（container）**可迭代物。

一般來說，當你處理產生器時，容器可迭代物是很好的工具。

第七章，*使用產生器*會更詳細討論產生器。

建立序列

有時物件沒有定義 `__iter__()` 方法，但我們仍然希望能夠迭代它。如果物件未定義 `__iter__`，iter() 函式會尋找 `__getitem__`，如果找不到就會發出 TypeError。

序列是實作了 `__len__` 和 `__getitem__` 並希望能夠按照順序從第一個索引（零）開始每次取得一個元素的物件。這代表你應該小心地編寫邏輯，以正確地實作 `__getitem__` 來接收這種索引，否則迭代將無法進行。

上一節的範例有一個好處在於它使用較少的記憶體。這代表它一次只保留一個日期，並且知道如何一個一個產生日期。但是它的缺點是當我們想要取得第 n 個元素時，只能迭代 n 次，直到找到它為止，別無他法。這也是在電腦科學領域經常發生的"使用記憶體還是 CPU"的權衡取捨。

可迭代物使用較少記憶體，但需要 $O(n)$ 來取得一個元素，而序列使用較多記憶體（因為我們必須一次保存所有東西），但是有固定的檢索時間，$O(1)$。

這是新實作的樣子：

```
class DateRangeSequence:
    def __init__(self, start_date, end_date):
        self.start_date = start_date
        self.end_date = end_date
        self._range = self._create_range()

    def _create_range(self):
        days = []
        current_day = self.start_date
        while current_day < self.end_date:
            days.append(current_day)
```

```
            current_day += timedelta(days=1)
        return days

    def __getitem__(self, day_no):
        return self._range[day_no]

    def __len__(self):
        return len(self._range)
```

這是物件的行為：

```
>>> s1 = DateRangeSequence(date(2018, 1, 1), date(2018, 1, 5))
>>> for day in s1:
...     print(day)
...
2018-01-01
2018-01-02
2018-01-03
2018-01-04
>>> s1[0]
datetime.date(2018, 1, 1)
>>> s1[3]
datetime.date(2018, 1, 4)
>>> s1[-1]
datetime.date(2018, 1, 4)
```

在上面的程式中，負數索引也是有效的，這是因為 DateRangeSequence 物件會將所有的操作委託給它包裝的物件（list），這是保持可維護性與一致行為的最佳辦法。

當你評估這兩種做法時，記得想一下究竟要使用記憶體還是 CPU。一般來說，迭代是比較好的選項（產生器更好），但你要記得評估每一種情況的需求。

容器物件

容器是實作了 __contains__ 方法（通常回傳布林值）的物件。當 Python 發現 in 關鍵字時，就會呼叫這個方法。

以下程式：

```
element in container
```

在 Python 中會變成：

```
container.__contains__(element)
```

你可以想像當你正確地實作這個方法時，程式碼有多麼容易閱讀（且符合 Python 風格！）。

假設我們必須在一個遊戲的二維座標地圖標示某個地點，或許可以找到下列函式：

```
def mark_coordinate(grid, coord):
    if 0 <= coord.x < grid.width and 0 <= coord.y < grid.height:
        grid[coord] = MARKED
```

在第一個 if 陳述式，檢查條件的部分看起來很複雜，它沒有表明程式的目的、沒有表達性，最糟糕的是它導致程式碼重複（每次有程式需要檢查邊界時，就要重複執行那個 if 陳述式）。

如果地圖本身（在程式中稱為 grid）可以回答這個問題呢？更棒的是，如果地圖可以將這個動作委託給更小的物件（因此比較有內聚性（cohesive））呢？如此一來，我們就可以詢問地圖它裡面有沒有某個座標，地圖本身可能也會有關於它的限制的資訊，我們可以這樣詢問這個物件：

```
class Boundaries:
    def __init__(self, width, height):
        self.width = width
        self.height = height

    def __contains__(self, coord):
        x, y = coord
        return 0 <= x < self.width and 0 <= y < self.height


class Grid:
    def __init__(self, width, height):
```

```
        self.width = width
        self.height = height
        self.limits = Boundaries(width, height)

    def __contains__(self, coord):
        return coord in self.limits
```

這段程式碼好寫多了。首先，它做了一個簡單的組合，並使用委託來解決問題。這兩個物件都是高度內聚的，使用最少的邏輯；它們的方法都很簡短，且邏輯自己會說話—— coord in self.limits 把它要解決的問題講得很清楚，表達了程式碼的意圖。

從外部也可以看到好處。這就好像 Python 在幫我們解決問題：

```
def mark_coordinate(grid, coord):
    if coord in grid:
        grid[coord] = MARKED
```

物件動態屬性

你可以使用 __getattr__ 魔術方法來控制從物件取得屬性的方式。當你呼叫 <myobject>.<myattribute> 這類的東西時，Python 會在物件的字典裡面尋找 <myattribute>，對它呼叫 __getattribute__。如果找不到（也就是物件沒有想要找的屬性），就呼叫另一個方法 __getattr__，並以參數傳入屬性的名稱（myattribute），藉著這個值，我們可以控制將東西回傳給物件的方式，甚至可以建立新屬性等等。

下列的程式展示 __getattr__ 方法：

```
class DynamicAttributes:

    def __init__(self, attribute):
        self.attribute = attribute

    def __getattr__(self, attr):
        if attr.startswith("fallback_"):
            name = attr.replace("fallback_", "")
            return f"[fallback resolved] {name}"
    raise AttributeError(
        f"{self.__class__.__name__} has no attribute {attr}"
    )
```

以下是呼叫這個類別的物件的情況：

```
>>> dyn = DynamicAttributes("value")
>>> dyn.attribute
'value'

>>> dyn.fallback_test
'[fallback resolved] test'

>>> dyn.__dict__["fallback_new"] = "new value"
>>> dyn.fallback_new
'new value'

>>> getattr(dyn, "something", "default")
'default'
```

第一個呼叫式很簡單——我們只是請求這個物件的一個屬性，並取得它的值當成結果。第二個呼叫式是這個方法起作用的地方，因為這個物件沒有稱為 `fallback_test` 的東西，所以會使用這個值來執行 `__getattr__`，我們在這個方法裡面放入回傳字串的程式，所以得到轉換的結果。

第三個範例很有趣，因為我們建立一個新屬性 `fallback_new`（事實上，這個呼叫式與執行 `dyn.fallback_new = "new value"` 一樣），所以當我們要求那個屬性時，`__getattr__` 裡面的邏輯不起作用，因為那段程式不會被呼叫。

最後一個範例是最有趣的一個。這裡有個細節造成很大的差異。再看一下 `__getattr__` 方法裡面的程式碼。請留意，它會在無法取出值時發出 `AttributeError` 例外。這不但是為了一致性（以及例外裡面的訊息），也是內建的 `getattr()` 函式需要的。如果這個例外是其他的例外，它會被引發，而且預設值不會被回傳。

當你實作像 `__getattr__` 這麼動態的方法時要很小心，使用它時也是如此。當你實作 `__getattr__` 時，要發出 `AttributeError`。

可呼叫物件

你可以定義當成函式來使用的物件（且通常很方便）。這種做法最常見的用途是建立更好的裝飾器，但用途不限於此。

當我們試著將物件當成一般的函式來執行時，就會呼叫魔術方法 `__call__`。每一個傳給物件的引數最後都會被轉傳給 `__call__` 方法。

用物件來實作函式的優點主要是物件有狀態，因此我們可以在每一次的呼叫之間保存並維護資訊。

當我們有個物件時，在 Python 中，陳述式 `object(*args, **kwargs)` 會被轉換成 `object.__call__(*args, **kwargs)`。

當我們想要建立一個可呼叫物件來當成帶參數的函式或是可記憶的函式來使用時，這種方法很實用。

下面的例子使用這個方法來建構一個物件，當你呼叫它並傳入參數時，可以得到它被使用同一個參數值呼叫的次數：

```
from collections import defaultdict

class CallCount:

    def __init__(self):
        self._counts = defaultdict(int)

    def __call__(self, argument):
        self._counts[argument] += 1
        return self._counts[argument]
```

下面是這個類別的動作案例：

```
>>> cc = CallCount()
>>> cc(1)
1
>>> cc(2)
1
>>> cc(1)
2
>>> cc(1)
3
>>> cc("something")
1
```

本書稍後會告訴你這種方法在建立裝飾器時非常方便。

魔術方法摘要

我們可以用下列的簡表來總結之前的小節提過的概念，表中列出每一個 Python 動作所使用的魔術方法，以及它的概念：

陳述式	魔術方法	Python 概念
obj[key] obj[i:j] obj[i:j:k]	__getitem__(key)	subscriptable 物件[譯註 2]
with obj: ...	__enter__ / __exit__	環境管理器
for i in obj: ...	__iter__ / __next__ __len__ / __getitem__	可迭代物件序列
obj.<attribute>	__getattr__	動態屬性檢索
obj(*args, **kwargs)	__call__(*args, **kwargs)	可呼叫物件

Python 的注意事項

要寫出符合典型表達風格的程式碼，除了瞭解這種語言的主要功能之外，你也要注意關於典型寫法的潛在問題，以及如何避免它們。本節將討論一些常見的問題，如果你不注意它們的話，它們可能會讓你花很多時間來除錯。

本節討論的內容大部分都是可以完全避免的，我可以肯定地說，在任何情況下，反模式（anti-pattern）（或是違反典型表達風格）的情況都是不正確的。因此，如果你在基礎程式中發現這些情況，就放心用我建議的方式來重構它吧！如果你在審查程式碼時發現這些徵兆，顯然那就代表有些東西需要修改了。

可改變的預設引數

簡單來說，不要將可變的物件當成函式的引數來使用。如果你將可變的物件當成預設引數，就會得到出乎意料外的結果。

譯註 2　subscriptable 物件基本上代表該物件實作了 __getitem__ 方法。換句話說，它代表該物件是“容器”，含有其他物件。

請看下列錯誤的函式定義：

```
def wrong_user_display(user_metadata: dict = {"name":"John", "age":30}):
    name = user_metadata.pop("name")
    age = user_metadata.pop("age")

    return f"{name} ({age})"
```

事實上，它有兩個問題。它除了使用可改變的預設引數之外，函式的內文也修改了可變物件，因此產生副作用。不過主要的問題是 user_medatada 這個預設引數。

它其實只會在第一次不使用引數來呼叫函式時生效。當我們第二次不傳遞引數給 user_metadata 來呼叫函式時，它就會產生 KeyError：

```
>>> wrong_user_display()
'John (30)'
>>> wrong_user_display({"name":"Jane", "age":25})
'Jane (25)'
>>> wrong_user_display()
Traceback (most recent call last):
  File "<stdin>", line 1, in <module>
  File ... in wrong_user_display
    name = user_metadata.pop("name")
KeyError: 'name'
```

原因很簡單——當你在函式的定義將 user_metadata 設為含有預設資料的字典時，其實會建立這個字典一次，並將變數 user_metadata 指向它。因為函式的內文會修改這個物件，只要程式還在執行，這個物件就會留在記憶體內。當我們傳值給它時，這些值會取代剛才建立的預設引數。當我們不想要使用這個物件並再次呼叫函式時，因為這個物件在上一次呼叫時已經被修改過了，所以這次執行它時，它已經沒有原本的鍵，這個鍵在上次呼叫時已經被移除了。

修正這個問題很簡單——將預設的哨符（sentinel）值設為 None，並在函式內文指派預設值。因為每個函式都有它自己的範圍與生命週期，每當出現 None 時，函式就會將 user_metadata 設成那個字典：

```
def user_display(user_metadata: dict = None):
    user_metadata = user_metadata or {"name":"John", "age":30}

    name = user_metadata.pop("name")
    age = user_metadata.pop("age")

    return f"{name} ({age})"
```

擴展內建型態

擴展串列、字串、字典等內建型態的正確做法是使用 collections 模組。

例如，當你直接擴展字典來建立類別時，可能會得到出乎意料的結果。原因在於，在 CPython 中，類別的方法不會互相呼叫（這是它們該有的行為），所以如果你覆寫它們的其中一個，其餘的方法無法反映這件事，進而導致意外的結果。例如，你可能覆寫了 __getitem__，接著當你用 for 迴圈來迭代物件時，發現你放入那個方法的邏輯未被使用。

舉例來說，你可以用 collections.UserDict 來處理這個問題，它提供一個透明的介面給實際的字典，而且比較強健。

假設我們想要將一個原本用數字建立的串列的值轉換成字串，並在前面加上一些文字。乍看之下，第一種做法可以解決這個問題，但它是錯的：

```
class BadList(list):
    def __getitem__(self, index):
        value = super().__getitem__(index)
        if index % 2 == 0:
            prefix = "even"
        else:
            prefix = "odd"
        return f"[{prefix}] {value}"
```

這段程式看起來可產生我們想要的行為，但是當我們試著迭代它時（畢竟它是個串列），會發現結果不是我們想要的：

```
>>> bl = BadList((0, 1, 2, 3, 4, 5))
>>> bl[0]
'[even] 0'
>>> bl[1]
'[odd] 1'
>>> "".join(bl)
Traceback (most recent call last):
...
TypeError: sequence item 0: expected str instance, int found
```

join 函式會試著迭代（執行 for 迴圈）串列，但是在做這件事時，認為它的值是字串型態。這應該是有效的，因為我們就是對串列做這種型態上的改變，但是在迭代串列時，Python 顯然沒有呼叫修改版的 __getitem__。

這個問題其實是 CPython（C 優化）的實作細節，它在 PyPy 等其他平台不會發生（本章結尾會說明 PyPy 與 CPython 的差異）。

話雖如此，我們最好要編寫可移植到任何版本並且相容的程式碼，因此我們改成擴展 UserList，而不是 list：

```
from collections import UserList

class GoodList(UserList):
    def __getitem__(self, index):
        value = super().__getitem__(index)
        if index % 2 == 0:
            prefix = "even"
        else:
            prefix = "odd"
        return f"[{prefix}] {value}"
```

現在結果好多了：

```
>>> gl = GoodList((0, 1, 2))
>>> gl[0]
'[even] 0'
>>> gl[1]
'[odd] 1'
>>> "; ".join(gl)
'[even] 0; [odd] 1; [even] 2'
```

不要直接擴展字典，而是改用 collections.UserDict。處理串列時使用 collections.UserList，處理字串時使用 collections.UserString。

結論

本章討論 Python 的主要功能，目的是說明它最獨特的、讓它與眾不同的功能。在過程中，我們討論 Python 的各種方法、協定與內部機制。

與上一章不同的是，這一章比較專注於 Python。本書探討的主題有一個重要的結論，就是簡潔的程式碼不是只有遵守格式規則（當然，它也是良好的程式不可或缺的特質），它是必要的條件，但還不夠。在接下來幾章，你會看到與程式碼更有關係的概念與原則，它們的目的是為了產生更好的軟體設計與作品。

透過這一章的概念，我們探索了 Python 的核心：它的協定與魔術方法。現在你應該知道符合 Python 典型表達風格的最佳寫法了，你不但要遵守格式規範，也要充分利用 Python 提供的所有功能。這意味著你有時要使用特定的魔術方法、實作環境管理器等等。

下一章會實際操作這些概念，將“普遍的軟體工程概念”與“用 Python 實現它們的方式”結合起來。

參考文獻

讀者可以在下面的參考資源找到本章一些主題的資訊。Python 的索引是根據（EWD831）設計的，這篇文章分析了數學與程式語言領域所使用的其他範圍表示法：

- *EWD831*：Why numbering should start at zero（`https://www.cs.utexas.edu/users/EWD/transcriptions/EWD08xx/EWD831.html`）
- *PEP-343*：The “with” Statement（`https://www.python.org/dev/peps/pep-0343/`）
- *CC08*：Robert C. Martin 的著作 *Clean Code: A Handbook of Agile Software Craftsmanship*
- Python 文件，`iter()` 函式（`https://docs.python.org/3/library/functions.html#iter`）
- PyPy 與 CPython 的差異（`https://pypy.readthedocs.io/en/latest/cpython_differences.html#subclasses-of-built-in-types`）

3 好程式的特徵

本書的主題是用 Python 來建構軟體。好軟體來自好設計。本書不斷談到“簡潔的程式碼”之類的東西可能會讓人以為我們討論的只是與軟體的實作細節有關的優良做法，與設計無關。但是這種想法是錯誤的，因為程式碼與設計是一體兩面——程式碼就是設計。

程式碼應該是最詳細的設計表達方式。前兩章討論為何以一致的方式來建構程式很重要，也說明如何寫出更紮實且更符合習慣的程式。接下來要說明簡潔的程式碼是什麼，我們的終極目標就是讓程式碼盡量強健，並且在編寫程式碼時，盡量減少它的缺陷，或是讓缺陷容易被發現。

本章與下一章的重點是更高層抽象的設計原則。這些概念不但與 Python 有關，也是軟體工程的一般原則。

具體來說，本章將回顧有助設計良好軟體的各種原則。高品質的軟體應該要圍繞著這些概念建立，它們扮演設計工具的角色。但這麼說不代表你絕對要遵守全部的原則，因為其中有些原則的觀點是互相抵觸的（例如按合約設計（Design by Contract，DbC）vs 防禦性程式設計），有些視實際情況而定，並非一體適用。

高品質的程式碼是一種多維度的概念。我們可以用類似看待軟體架構品質屬性的方式來看待它。例如，我們希望軟體是安全的，而且有良好的效能、可靠性，以及容易維護等等，在此就不一一列舉了。

本章的目標如下：

- 說明強健軟體背後的概念
- 瞭解如何在應用程式的工作流程中處理錯誤資料
- 設計易維護的軟體，讓你可以在收到新的需求時，輕鬆地擴展與修改它
- 設計可重複使用的軟體
- 編寫高效的程式碼，讓開發團隊維持高生產力

依合約設計（Design by contract）

軟體可能會有一些部分是不想讓使用者直接呼叫的，而是讓程式的其他部分呼叫的。例如當我們將應用程式的責任劃分成不同的元件或階層時，就必須考慮它們之間的互動。

我們必須封裝各個元件的某些功能，並公開介面，讓使用方使用元件的功能，這種介面稱為**應用程式介面（Application Programming Interface，API）**。為元件編寫的函式、類別或方法在某些條件之下有特定的工作方式，若不符合的話，就會讓程式崩潰。反過來說，呼叫那段程式的使用方可能期望收到特定的回應，如果函式無法提供這類回應，就代表它有缺陷。

舉例來說，有個函式希望使用一系列的整數參數，但有其他的函式在呼叫這個函式時傳入字串，顯然這個函式就無法如預期地工作了，事實上，這個函式絕對不應該執行，因為別人用錯誤的方法呼叫它（使用方犯錯了）。你不應該讓這種錯誤默默地溜過。

當然，我們在設計 API 時，應該將希望收到的輸入、輸出與副作用文件化。但文件無法在執行期強制控制軟體的行為。這些規則（程式的各個部分接收哪些東西才能正常工作，以及呼叫方期望收到什麼回應）都應該是設計的一部分，這就是**合約**的概念。

DbC 的概念在於，與其隱密地植入眾望所歸的程式碼，不如大家都同意違反合約時就引發例外，明確地指出為何無法繼續執行。

這裡的合約指的是一種結構，可在軟體元件進行溝通時，強制執行一些必須遵守的規則。合約包括先決條件（precondition）與後置條件（postcondition），但在某些情況下，也會指出不變量（invariant）與副作用：

- **先決條件**：它可說是程式在執行前要做的所有檢查，檢查繼續執行函式之前必須滿足的所有條件。通常做法是驗證用參數傳入的資料，但如果我們認為驗證的重要性大於它的副作用，無論如何都不該阻止各種驗證的執行（例如，驗證資料庫內的集合、檔案、之前呼叫過的另一個方法等等）。特別注意，這個限制是對呼叫方施加的。
- **後置條件**：先決條件的相反，驗證是在呼叫函式並 return 後進行的。後置條件驗證的是呼叫方希望從這個元件收到的東西。
- **不變量**：非必須的，不過最好用函式的 docstring 將它文件化。不變量就是在函式程式執行時保持不變的東西，它是讓函式保持正確的邏輯表達程式。
- **副作用**：非必須的，你可以用 docstring 列出程式的任何副作用。

雖然從概念上來說，以上所有項目都屬於軟體元件合約，也應該列入文件，但只有前兩個項目（先決條件與後置條件）是應該在底層（程式碼）強制執行的。

設計合約的目的，是為了在錯誤發生時輕鬆地發現它們（且藉由查看失敗的地方是先決條件還是後置條件，你將更容易找出罪魁禍首），以便快速地修正它們。更重要的是，我們希望避免重要的部分在錯誤的假設之下執行。這有助於明確地劃分責任與錯誤，而不是在出問題時，你只能想著：看來這個部分的程式失敗了…但是當呼叫方程式提供錯誤的引數時，我們該修改哪裡？

這裡的概念是，先決條件與使用方有關（如果它想要執行某部分的程式，就有義務配合那些程式），而後置條件則與負責提供“使用方可以驗證的保證”的元件有關。

如此一來，我們就可以快速地釐清責任。如果先決條件失敗了，我們知道問題出在使用方。另一方面，如果後置條件失敗了，我們知道問題出在常式或類別（供應方）本身。

關於先決條件有一個需要特別強調的地方在於：它們可以在執行期檢查，如果條件不符合，就完全不應該執行被呼叫的程式（執行是不合理的，因為它的條件是不滿足的，此外，這樣做只會讓事情更糟）。

先決條件

先決條件是讓函式或方法收到預期的東西來讓工作正確執行的所有保障。以一般的程式設計術語而言，這通常代表提供正確的資料，例如，已初始化的物件、非 null 值及其他。對 Python 而言，由於它是動態型態語言，這也代表我們有時必須檢查收到的資料型態。我們要驗證確切的值是否符合需求，這與使用 mypy 來做的型態檢查不太一樣。

我們可藉由使用靜態分析工具在早期做這些檢查，例如**第一章，簡介、程式碼格式與工具**介紹的 mypy，但只做這些檢查還不夠。函式也要妥善地驗證它將要處理的資訊。

這就產生“要將驗證邏輯放在哪裡”這個問題了，究竟要讓使用方在呼叫函式之前先驗證所有資料，還是讓函式在執行自己的邏輯之前先驗證它收到的所有東西。前者是比較寬鬆的做法（因為函式本身仍然容許任何資料，包括不合規定的資料），而後者是比較嚴格的做法。

就 DbC 而言，為了便於分析，我們傾向比較嚴格的做法，因為就強健性而言，這通常是比較安全的選擇，也是業界最常見的做法。

無論我們採取何種做法，都要牢記無累贅原則（nonredundancy principle），即函式的先決條件都只能讓合約的雙方之一執行，而非兩者。這意味著我們可將驗證邏輯放在使用方或放在函式本身，但不該放在兩方（這也與本章稍後討論的 DRY 原則有關）。

後置條件

合約的後置條件規定的是方法或函式在 return 之後的狀態。

假如函式或方法已經用正確的特性來呼叫了（也就是符合先決條件），後置條件負責確保某些特性保持不變。

我們的目的是使用後置條件來檢查與驗證使用方可能需要的所有東西。如果方法被正確地執行且後置條件通過驗證，那麼呼叫那段程式的任何使用方都可以毫無問題地使用回傳的物件，因為合約已被滿足了。

符合 Python 習慣的合約

在寫這本書時，標題為 Programming by Contract for Python 的 PEP-316 被推遲了。但這不代表我們無法在 Python 中實作它，因為如同本章開頭介紹的，這是一個通用的設計原則。

或許實施這個原則的最佳手段就是在方法、函式與類別裡面加入控制機制，讓它們在不滿意的時候發出 `RuntimeError` 或 `ValueError` 例外。我們很難設計通用的規則來指定正確的例外類型，因為這在很大程度上取決於應用程式。上述的兩種例外是最常見的例外類型，但是如果它們無法準確地描述問題的話，建立自訂的例外是最好的選擇。

我們也希望盡量隔離程式碼。也就是說，把先決條件程式碼放在一個部分，把後置條件程式碼放在另一個部分，把函式的核心與它們隔開。我們可以藉由建立較小型的函式來做到這種隔離，但是在某些情況下，實作裝飾器是另一種有趣的手段。

依合約設計——結論

設計原則最主要的用途是協助有效地找出問題所在。定義合約後，在執行期發生錯誤時，我們就可清楚地看到哪個部分壞了，以及哪些地方破壞合約。

遵循這個原則設計的程式比較強健。每一個元素都會被自己的條件約束，並維持一些不變的東西，只要這些東西保持不變，我們就可以證實程式是正確的。

合約也可以幫助釐清程式的結構。合約明確地指定各個函式或方法正常運作的情形，以及可從它們得到什麼，讓你不用執行臨時的驗證或處理所有可能的失敗情況。

當然，遵守原則會增加額外的工作，因為我們不但要編寫主程式的核心邏輯，也要編寫合約。我們也有可能幫這些合約加入單元測試。但是從長遠來看，這種做法可以提升品質，因此，幫應用程式的重要元件編寫這些準則是很好的做法。

然而，為了讓這種做法產生效果，我們應該仔細考慮我們要驗證什麼，它必須帶來有意義的價值。例如，定義“只檢查函式參數的資料型態是否正確”這種合約沒有太大意義。許多程式員會爭辯，這就像是企圖讓 Python 變成靜態型態的語言。其實使用 Mypy 這類的工具以及註釋就可以做這件事情了，還可以減少你的勞力。因此，請設計有實際價值的合約，例如檢查物件收到與回傳的特性，以及它們持有的條件等等。

防禦性程式設計

防禦性程式設計與 DbC 不同，這種做法是讓程式碼的所有部分（物件、函式或方法）都可以避免自己收到無效的輸入，而不是在合約中列出所有必須滿足的條件，在不滿足時引發例外，並讓程式失敗。

防禦性程式設計是一種包含許多層面的技術，當它與其他設計原則結合時可產生相當大的用途（也就是說，雖然它的概念與 DbC 不同，但不代表它們是非此則彼的——它們也有可能是互補的）。

防禦性程式設計關注的重點是如何處理在可能發生的情況下出現的錯誤，以及如何處理絕對不應該出現的錯誤（在不可能發生的情況發生時）。前者屬於錯誤處理程序，而後者是斷言（assertion）案例，接下來的小節將要探討它們。

錯誤處理

在程式中，我們會把錯誤處理程序用在自認為容易出錯的地方。這通常發生在輸入資料時。

錯誤處理背後的概念是優雅地回應這些預期的錯誤，並試著繼續執行程式，或是當錯誤無法解決時讓程式失敗。

我們可以用許多方法處理程式的錯誤，但它們並不是都適合任何情況。其中一些方法包括：

- 換值
- 記錄錯誤
- 處理例外

換值

在某些情況下，有錯誤發生且軟體可能產生不正確的值或完全失敗時，我們或許可以將結果換成另一個比較安全的值。這種方法稱為換值，因為事實上，我們是將實際的錯誤結果換成一個非破壞性的值（可以用預設值、著名的常數、哨符值，或完全不會影響結果的東西，例如當你要把結合套用在一個總和值上面時，回傳零）。

但是換值不一定是可行的做法。如果被換掉的值其實是安全的，你就必須小心地採取這種做法。這是關於強健性與正確性之間的取捨。如果軟體就算在出現錯誤的情況下也不會失靈，它就是強健的，但是它仍然不是正確的。

對某些類型的軟體來說，這種情況可能是無法接受的。如果應用程式很重要，或需要處理的資料太敏感，而不能提供錯誤的結果給使用者（或程式的其他部分），你就要排除錯誤。在這種情況下，我們選擇取得正確的結果，而不是讓程式在產生錯誤的結果時崩壞。

這種做法有一個稍微不同且比較安全的版本，就是在未收到資料時使用預設值。如果程式可能使用預設的行為，就可以採取這種做法，例如環境變數的預設值未被設定、組態檔裡面缺少一些項目或函式缺少參數時。我們可以在 Python 的一些方法的 API 中發現這種做法，例如字典有個 get 方法，它的（非強制性的）第二個參數可讓你指定一個預設值：

```
>>> configuration = {"dbport": 5432}
>>> configuration.get("dbhost", "localhost")
'localhost'
>>> configuration.get("dbport")
5432
```

環境變數有類似的 API：

```
>>> import os
>>> os.getenv("DBHOST")
'localhost'
>>> os.getenv("DPORT", 5432)
5432
```

上面的兩個例子會在使用者未提供第二個參數時回傳 None，因為它是這些函式定義的預設值。你也可以為自己的函式的參數定義預設值：

```
>>> def connect_database(host="localhost", port=5432):
...     logger.info("connecting to database server at %s:%i", host, port)
```

通常用預設值來取代未提供的參數是可接受的做法，但將錯誤的資料換成合法的固定值比較危險，而且可能會掩蓋一些錯誤。當你採取這種做法時，應該注意這一點。

例外處理

在出現不正確的資料或缺少輸入資料時，有時你可以用上一節提到的一些範例來糾正它們。但是在發生其他的情況時，與其讓程式在錯誤的假設之下進行計算，阻止程式用錯誤的資料繼續執行是比較好的做法。此時最好讓程式失敗並告訴呼叫方發生錯誤，我們在 DbC 看過，這也是違反先決條件的情況。

然而，函式出錯的原因不是只有輸入資料錯誤。畢竟，函式的功能不僅僅是四處傳遞資料，它們也有副作用，也會連接外部元件。

呼叫函式產生的錯誤也有可能是某個外部元件的問題造成的，而不是函式本身。若是如此，我們的函式應該正確地進行溝通，以方便進行除錯。函式應該簡潔，並且明確地通知 app 其餘部分有不可忽略的錯誤發生了，讓它們可以相應地處理它。

做這件事的機制就是例外。需要強調的是，這就是例外的用法——明確地聲明有個例外情況，而不是根據商業邏輯來改變程式流程。

當程式試著使用例外來處理預期的情況或商業邏輯時，它就會變得難以閱讀。這會讓例外變成一種 go-to 陳述式，（讓情況更糟）可能跨越好幾層的呼叫堆疊（朝著呼叫方函式），違反"將邏輯封裝在正確的抽象層裡面"的原則。如果與這些 except 區塊混在一起的商業邏輯含有它們想要防禦的例外情況，情況還會更糟，此時，你將難以分辨要維護的商業邏輯以及要處理的錯誤。

不要在商業邏輯中將例外當成 go-to 機制來使用。只在程式碼真的有呼叫方需要知道的錯誤時發出例外。

這個概念是最重要的一個，例外通常與通知呼叫方出現不對勁的事情有關。這代表你要小心地使用例外，因為它們會弱化封裝。函式有越多例外，呼叫方函式就要注意越多例外，也就需要更瞭解它所呼叫的函式。而且如果函式發出過多例外，就代表它與環境的關係比較緊密，因為每當我們想要呼叫它時，就必須牢記它所有可能的副作用。

我們可以將這種情況當成一種標準來判斷函式是否具備足夠的內聚性，以及承擔過多的責任。如果它發出太多例外，很有可能代表你要將它拆成多個比較小的函式。

以下是與 Python 的例外有關的建議。

在正確的抽象層處理例外

"函式只應做一件事"這條原則也包括程式的例外（exception）。函式處理（或發出）的例外必須與它封裝的邏輯一致。

接下來的範例藉由混合各種抽象層來表達我的意思。想像在 app 中有個物件負責傳輸一些資料。它會連接一個外部的元件，用那個元件來解碼資料並將它送出。在下面的程式中，特別注意 deliver_event 方法：

```
class DataTransport:
    """這個物件會在不同的層面處理例外。"""

    retry_threshold: int = 5
    retry_n_times: int = 3

    def __init__(self, connector):
        self._connector = connector
        self.connection = None

    def deliver_event(self, event):
        try:
            self.connect()
            data = event.decode()
            self.send(data)
        except ConnectionError as e:
            logger.info("connection error detected: %s", e)
            raise
        except ValueError as e:
            logger.error("%r contains incorrect data: %s", event, e)
            raise

    def connect(self):
        for _ in range(self.retry_n_times):
            try:
                self.connection = self._connector.connect()
            except ConnectionError as e:
                logger.info(
                    "%s: attempting new connection in %is",
                    e,
                    self.retry_threshold,
                )
                time.sleep(self.retry_threshold)
            else:
                return self.connection
        raise ConnectionError(
            f"Couldn't connect after {self.retry_n_times} times"
        )

    def send(self, data):
        return self.connection.send(data)
```

特別注意 deliver_event() 方法處理例外的方式。

ValueError 與 ConnectionError 有沒有關係？關係不大。藉由這兩種差異很大的錯誤類型，我們可以瞭解如何劃分責任。我們應該在 connect 方法裡面處理 ConnectionError，以明確地劃分行為。例如，如果這個方法需要支援重試（retry），這種做法就很適合。另一方面，ValueError 屬於 event 的 decode 方法。採取新做法之後，這個方法不需要捕捉任何例外了——它之前需要擔心例外不是被內部方法處理，就是被刻意發出。

我們必須把這些部分分到各個不同的方法或函式。為了管理連結，我們使用小函式應該就夠了。這個函式會負責試著建立連結、捕捉例外（如果發生），並相應地記錄（log）它們：

```
def connect_with_retry(connector, retry_n_times, retry_threshold=5):
    """試著建立連結 <connector> 並重試
    <retry_n_times> 次。

    如果它可以連接，回傳連結物件。
    如果重試後無法連接，發出 ConnectionError

    :param connector:有個 `.connect()` 方法的物件。
    :param retry_n_times int:嘗試呼叫 ``connector.connect()`` 的次數。

    :param retry_threshold int:重試呼叫的時間間隔。
    """
    for _ in range(retry_n_times):
        try:
            return connector.connect()
        except ConnectionError as e:
            logger.info(
                "%s: attempting new connection in %is", e, retry_threshold
            )
            time.sleep(retry_threshold)
    exc = ConnectionError(f"Couldn't connect after {retry_n_times} times")
    logger.exception(exc)
    raise exc
```

接著我們在方法裡面呼叫這個函式。至於 event 的 ValueError 例外，我們可以將它拆到新物件再組合，但是對這個小例子而言，這種做法可能太大費周章了，我們只要將邏輯移到一個分開的方法就夠了。考慮這兩點之後，新版的方法看起來紮實且易讀多了：

```
class DataTransport:
    """以抽象層拆開例外
    的物件範例。
    """

    retry_threshold: int = 5
    retry_n_times: int = 3

    def __init__(self, connector):
        self._connector = connector
        self.connection = None

    def deliver_event(self, event):
        self.connection = connect_with_retry(
            self._connector, self.retry_n_times, self.retry_threshold
        )
        self.send(event)

    def send(self, event):
        try:
            return self.connection.send(event.decode())
        except ValueError as e:
            logger.error("%r contains incorrect data: %s", event, e)
            raise
```

不要公開 traceback

這是與安全有關的措施。當你處理例外時，如果那個錯誤太重大了，讓它們傳播出去是可以接受的，如果那是針對特定情況的決策，且正確性比強健性重要許多，你甚至可以直接讓程式失效。

你應該在出現代表問題的例外時盡可能詳細地記錄它（包括 traceback 資訊、訊息，與可以收集的所有東西），這樣才能有效修正問題。同時，我們要盡量幫自己加入更多內容——但絕對不要讓使用者看到這類的資訊。

在 Python 中，例外的 traceback 有非常豐富且實用的除錯資訊。不幸的是，這些資訊對試著破壞 app 的攻擊者或惡意使用者來說也相當實用，更不必說，洩露這些資訊就是公開重要訊息，會危害機構的知識產權（有部分的程式會被公開）。

如果你選擇讓例外傳播出去，請確保不洩露任何敏感資訊。此外，如果你必須讓使用者知道出問題了，請使用通用、籠統的訊息（例如出了一些錯誤，或找不到網頁）。當網路 app 發生 HTTP 錯誤時，顯示通用資訊是常用的技術。

避免空的 except 區塊

有人甚至將它稱為最糟糕的 Python 反模式（REAL 01）。雖然預防錯誤的發生並避免發生錯誤是件好事，但過度防禦可能會造成更糟糕的問題。具體來說，與過度防禦有關的問題就是用一個空的 except 區塊默默地空過，不做任何事情。

Python 很有彈性，讓我們有可能寫出有缺陷且不會發出錯誤訊息的程式碼，例如：

```
try:
    process_data()
except:
    pass
```

這段程式的問題在於它永遠都不會失敗，就算在它應該失敗的情況下也是如此。根據 Zen of Python 說的 errors should never pass silently（切勿使錯誤靜靜流逝），它也不符合 Python 風格。

如果有真正的例外，這段程式不會失敗，這或許是我們本來就要的行為。但如果有缺陷呢？我們必須知道邏輯有沒有錯誤才能夠修正它。編寫這樣的程式區塊會掩蓋問題，讓程式難以維護。

我們可以採取兩種替代方案：

- 捕捉更具體的例外（不要太廣泛，例如 Exception）。事實上，有些 lint 工具與 IDE 會在程式處理太廣泛的例外時警告你。
- 在 except 區塊裡面實際處理一些錯誤。

最好能同時採取這兩種做法。

當你處理比較具體的例外（例如 AttributeError 或 KeyError）時，程式比較容易維護，因為如此一來，程式的讀者才能夠預期會得到什麼，並瞭解它的原因。它也允許其他例外被發出，發生這種事情時，或許代表有 bug，也唯有此時你才會發現它。

處理例外有許多做法。最簡單的做法只是記錄例外（務必使用 logger.exception 或 logger.error 來提供事項的全貌）。其他的做法可能是回傳預設值（替換，只在檢測到錯誤之後，而不是在造成錯誤之前），或發出不同的例外。

如果你選擇發出不同的例外，包含造成問題的原始例外，這正是接下來要討論的主題。

包含原始例外

我們可能會在錯誤處理邏輯中發出不同的例外，甚至改變它的訊息。若是如此，建議你加入引發它的原始例外。

在 **Python 3**（**PEP-3134**），我們可以使用 raise <e> from <original_exception> 語法。當你使用這個結構時，會在原始的 **traceback** 嵌入新的例外，且原始的例外會被指派給結果的 __cause__ 屬性。

例如，當我們想要將預設的例外包在專案的自訂例外裡面時，同樣可以採取這種做法，同時加入根例外的資訊：

```
class InternalDataError(Exception):
    """含有領域問題的資料的例外。"""


def process(data_dictionary, record_id):
    try:
        return data_dictionary[record_id]
    except KeyError as e:
        raise InternalDataError("Record not present") from e
```

當你要改變例外的類型時，務必使用 raise <e> from <o> 語法。

在 Python 中使用斷言

斷言（assertion）應用在不應該發生的情況，所以 assert 陳述式裡面的運算式代表不可能發生的情況，當那種情況發生時，代表軟體有缺陷。

相較於錯誤處理方法，這種做法可能會（或不應該）繼續執行程式。如果出現這種錯誤，你必須停止程式。停止程式是合理的做法，因為前面說過，既然我們看到缺陷了，除非釋出修正這個錯誤的新版軟體，否則沒有繼續往下走的理由。

使用斷言是為了防止程式在出現這樣的無效情況時導致進一步的損壞。有時較好的做法是停止執行並且讓程式當機，而不是讓它在錯誤的假設之下繼續執行。

因此，你不應該將斷言與商業邏輯混在一起，或將它當成軟體的控制機制。下面是個不好的範例：

```
try:
    assert condition.holds(), "Condition is not satisfied"
except AssertionError:
    alternative_procedure()
```

不要捕捉 AssertionError 例外。

當斷言失敗時，你一定要終止程式。

請在斷言陳述式裡面加入資訊豐富的錯誤訊息並記錄錯誤，來確保你稍後可以妥善地除錯與修正錯誤。

除了補捉 AssertionError 之外，上面的程式不好的另一個地方是斷言的陳述式是個函式呼叫式。函式呼叫式可能有副作用，且它們並非總是能夠重複（我們不知道再次呼叫 condition.holds() 是否可得到相同的結果）。此外，如果我們在那一行停止除錯器，可能無法看到造成錯誤的結果，而且之前說過，就算你再次呼叫那個函式，也不知道它是不是錯誤的值。

較好的做法只需要較少的程式，卻能夠提供更實用的資訊：

```
result = condition.holds()
assert result > 0, "Error with {0}".format(result)
```

分離關注點

這是可在各種層面上運用的設計原則。它不但與低階設計（程式碼）有關，也與高階的抽象有關，所以當我們討論結構時會再次看到它。

你應該將不同的功能放到不同的應用程式元件、階層或模組裡面。各個部分的程式只應該負責一部分的功能（我們稱為它的關注點（concern）），它們也不應該知道其他事情。

在軟體中，分離關注點是為了提高易維護性，並盡量降低連鎖反應。連鎖反應指的是軟體的變動從它的起點傳播出去，這可能是一個錯誤或例外觸發一連串的例外，造成遠方元件的缺陷，導致故障。也有可能是只因為修改一個函式的定義，就必須修改分布在許多地方的程式碼。

顯然，我們不希望發生這些情況，所以必須讓軟體容易修改。如果我們想要修改或重構某個部分的程式，並希望它對應用程式的其他部分造成的影響降到最低，其做法就是進行妥善地封裝。

同樣的，我們希望控制任何一個潛在的錯誤，以免它們造成重大損害。

這個概念與 DbC 原則有關，因為你可以為每一個關注點制定合約，在違反合約時引發一個例外來讓我們知道有一部分的程式已經失靈了，以及哪些責任沒有被履行。

儘管有這些相似處，分離關注點還有更多含義。我們通常會考慮函式、方法、類別之間的合約，雖然這也可以套用到必須分離的責任上，但分離關注點的概念也可套用到 Python 模組、套件，基本上包含任何軟體元件。

內聚性與耦合

良好的軟體設計有一些重要的概念。

一方面，**內聚性**代表物件應該具備小型且明確的目的，且它們負責的工作應該越少越好。這種哲學類似 Unix 命令：只做一件事，且把它做好。物件的內聚性越強，它就越實用且越容易重用，讓設計變得更好。

另一方面，**耦合**代表兩個以上的物件依賴彼此的程度。這種依賴性會產生限制。如果兩個部分的程式（物件或方法）過於依賴彼此，就會帶來你不希望看到的後果：

- **無法重複使用程式碼**：如果函式過度依賴特定的物件或接收過多參數，它就與那個物件耦合了，這代表你很難在不同的背景下使用那個函式（你必須找到合適的參數來滿足非常嚴格的介面）
- **連鎖反應**：在雙方的任何一方做的改變必然會影響另一方，因為它們太親密了
- **低階的抽象**：當兩個函式密切相關時，你很難將它們看成在不同的抽象層面上的不同關注點

根據經驗法則：具備良好定義的軟體都有高度內聚性與低度耦合。

讓你活得更輕鬆的縮寫詞

本節要回顧一些可產生良好設計思維的準則。透過簡單易記的縮詞可協助你記住良好的軟體實作法。如果你記得這些單字，就能夠更輕鬆地用它們來聯想好的做法，當你查看一行程式時，也可以更快掌握它背後的意思。

它們不是正式的 / 學術性的定義，而是軟體業界行之有年的經驗法則。它們有些出自書籍，是重要的作者創造的（見參考文獻以更詳細地瞭解他們），有些來自部落格文章、論文，或會議演說。

DRY/OAOO

Don't Repeat Yourself（**DRY**）與 **Once and Only Once**（**OAOO**）的概念有密切的關係，所以我將它們放在一起。顧名思義，它們代表你應該不惜一切代價避免重複。

程式碼裡面的東西，也就是知識，只應該在一個地方定義，而且只定義一次。當你必須修改程式時，應該只需要在一個地方修改。無法做到這一點代表它是個設計不良的系統。

程式碼重複會直接影響維護性。你要盡量避免程式碼重複，因為它會造成許多負面的後果：

- **易出錯**：如果有些邏輯在整段程式中重複多次，當你想要修改它時，就代表你必須有效地修正這個邏輯的所有實例，不能遺漏任何一個，否則就會產生 bug。
- **高成本**：與上一點有關，修改很多地方浪費的時間（開發與測試工作）比只有一個地方多很多。這會拖慢團隊的進度。

- **不可靠**：也與第一點有關，如果單項改變需要更改許多地方，編寫那段程式的人就必須記住所有需要修改的實例。這不符合單一來源原則（single source of truth）。

重複通常是忽視（或忘記）"程式代表知識" 造成的。我們可以藉由賦與一段程式意義來識別與標記那個知識。

用範例來說明。想像一下，在學習中心裡面，學生是以下列的標準來排名的：每次考試及格加 11 分，每次考試當掉減 5 分，在這個學習中心每多待一年減 2 分。下面不是實際的程式，只是程式的分布情況：

```
def process_students_list(students):
    # 做些處理...

    students_ranking = sorted(
        students, key=lambda s: s.passed * 11 - s.failed * 5 - s.years * 2
    )
    # 更多處理
    for student in students_ranking:
        print(
            "Name: {0}, Score: {1}".format(
                student.name,
                (student.passed * 11 - student.failed * 5 - student.years *
2),
            )
        )
```

請注意 sorted 函式中 key 的 **lambda** 是關於這個領域問題的一些知識，程式碼卻沒有反映這一點（它沒有名稱、位置不恰當且不正確、沒有表明意圖，一無是處）。這段程式因為意圖不明而產生重複的情況，你可以在列出排名並印出分數的時候再次看到它。

你應該在程式碼裡面反映領域問題的知識，如此一來，程式碼就比較不會重複，也比較容易瞭解：

```
def score_for_student(student):
    return student.passed * 11 - student.failed * 5 - student.years * 2


def process_students_list(students):
    # 做些處理...
```

```
students_ranking = sorted(students, key=score_for_student)
# 更多處理
for student in students_ranking:
    print(
        "Name: {0}, Score: {1}".format(
            student.name, score_for_student(student)
        )
    )
```

免責聲明：這只是重複的癥兆之一。實際上，程式碼重複還有許多情況、類型與分類法，這個主題可以用整個章節來討論，本節的目的主要是為了釐清縮詞背後的概念。

這個範例採取或許是最簡單的做法來移除重複：建立函式。最佳的解決方案依具體情況有所不同。在某些情況下，你可能要建構全新的物件（可能是缺少整個抽象）。在其他情況下，你可以用環境管理器來消除重複。迭代器或產生器（**第七章，使用產生器**）也可以協助避免重複的程式，而裝飾器（**第五章，使用裝飾器來改善程式**）也可提供幫助。

不幸的是，你沒有一體適用的規則或模式可得知哪些 Python 功能最適合用來處理程式碼重複，但是希望你看過本書的範例並知道如何使用 Python 元素後，能夠開發出你自己的直覺。

YAGNI

如果你不想要過度設計解決方案，必須在編寫的過程中牢記 **YAGNI**（**You Ain't Gonna Need It**（你不需要它）的縮寫）這個觀念。

我們希望能夠輕鬆地修改程式，因此想要讓它們具備未來性。為此，許多開發者認為他們必須預見未來的所有需求，建立非常複雜的解決方案，於是寫出難以閱讀、維護與理解的抽象。後來，事實證明這些假想的需求並未成真，或這些需求確實出現了，但必須用不同的方式實作（surprise ！），讓原本可以處理它的原始程式無法正常工作。問題來了，現在我們更難以重構與擴展程式了，原始的解決方案不能正確地處理原始的需求，也不能處理當前的需求，只因為它是錯誤的抽象。

建構易維護的軟體與預測未來的需求無關（不要預測未來！），而是採取以後可以（且容易）變更的做法來編寫只處理當前需求的軟體。換句話說，在設計程式時，你要確定你的決定不會讓你綁手綁腳，能夠讓你繼續建構程式，且不做出超出需求的東西。

KIS

KIS（代表 **Keep It Simple**，保持簡單）與前一點有很大的關係。當你設計軟體元件時，避免過度設計它，問問自己這個解決方案是不是最精簡且最適合解決問題的一個。

實作最精簡的功能來正確地解決問題，不要讓解決方案超乎需求的複雜。請記得，設計越簡單，它的可維護性越高。

我們在編寫每一層的抽象時都要記得這個設計原則，無論我們正在考慮高階設計，還是在處理某一行程式。

在做高階設計時，要考慮你正在建立的元件，你真的需要所有的元件嗎？現在這個模組真的需要完全可擴展嗎？我要強調的是，或許我們想要讓元件可擴展，但現在不是正確的時機，或不適合這樣做，因為我們仍然沒有足夠的資訊可建立適當的抽象，而且此時試著做出通用的介面只會造成更糟糕的問題。

關於程式碼，保持簡單通常代表使用能夠處理問題的最小資料結構。你可以在標準程式庫裡面找到它。

有時我們可能會寫出過度複雜的程式，造成函式或方法的數量超乎需求。下面的類別會接收一組關鍵字引數來建立一個命名空間，但它有一個相當複雜的程式介面：

```
class ComplicatedNamespace:
    """用一些特性來初始化物件的複雜範例。"""

    ACCEPTED_VALUES = ("id_", "user", "location")

    @classmethod
    def init_with_data(cls, **data):
        instance = cls()
        for key, value in data.items():
            if key in cls.ACCEPTED_VALUES:
                setattr(instance, key, value)
        return instance
```

我們好像不太需要用額外的類別方法來初始化物件。接下來，當我們執行迭代，並且呼叫它裡面的 setattr 時更奇怪，而且它提供給使用方的介面不太明確：

```
>>> cn = ComplicatedNamespace.init_with_data(
...     id_=42, user="root", location="127.0.0.1", extra="excluded"
... )
>>> cn.id_, cn.user, cn.location
(42, 'root', '127.0.0.1')

>>> hasattr(cn, "extra")
False
```

使用方必須知道另一個方法的存在，這很不方便。保持簡單比較好，我們只要使用 __init__ 方法，像初始化其他 Python 物件一樣初始化這個物件（畢竟已經有一個專門做這件事的方法了）就可以了：

```
class Namespace:
    """用關鍵字引數建立物件。"""

    ACCEPTED_VALUES = ("id_", "user", "location")

    def __init__(self, **data):
        accepted_data = {
            k: v for k, v in data.items() if k in self.ACCEPTED_VALUES
        }
        self.__dict__.update(accepted_data)
```

請記得 Zen of Python 說的：simple is better than complex（簡潔勝於複雜）。

EAFP/LBYL

EAFP（代表 **Easier to Ask Forgiveness than Permission**（**請求原諒比獲得許可容易**）），而 **LBYL**（代表 **Look Before You Leap**（**三思而後行**））。

EAFP 的意思是你要編寫直接執行工作的程式，之後再處理它不起作用時造成的結果。這通常代表先試著執行一些程式，期望它能夠正常工作，如果它無法工作就捕捉例外，接著在 except 區塊編寫糾正程式。

LBYL 是它的相反，顧名思義，三思而後行代表你要在使用某項東西之前先檢查。例如先檢查檔案是否有效，再試著使用它：

```
if os.path.exists(filename):
    with open(filename) as f:
...
```

這在其他語言或許是好的做法，但它不符合 Python 的風格。Python 是以 EAFP 這類的概念來建構的，而且它鼓勵你遵循它們（請記得，explicit is better than implicit（明瞭勝於晦澀））。你應該將這段程式改寫成：

```
try:
    with open(filename) as f:
        ...
except FileNotFoundError as e:
    logger.error(e)
```

EAFP 比 LBYL 好。

組合與繼承

在物件導向軟體設計中，經常有人討論如何使用典型（多型、繼承與封裝）的概念來解決問題。

或許在這些概念中最常用的一種就是繼承——開發者通常會在一開始先用想用的類別來建立一個類別階層，並決定各個類別應實作哪些方法。

雖然繼承是一種強大的概念，但它也伴隨著風險。最主要的一種在於，每當我們擴展一個基礎類別時，就建立一個與父類別緊密耦合的新類別。如前所述，耦合是在設計軟體時應該減到最少的事項之一。

開發者認為繼承的用途之一就是程式碼重用。雖然我們應該堅持程式碼重用，但也不要只為了從父類別免費取得方法就透過繼承來重用程式。重用程式碼最適當的做法是製作高度內聚的物件，以便輕鬆地組合它們，以及在各種情境中使用它們。

當繼承是好的決定時

當我們建立衍生的類別時要很小心，因為這是一把雙刃劍——一方面，它的好處是可以免費使用父類別的方法的所有程式碼，但另一方面，它們也會被全部帶到一個新類別，代表我們可能會在新的定義裡面放入過多功能。

在建立新的子類別時，我們必須考慮它是不是真的需要繼承的所有方法，以判斷我們是否正確地定義這個類別。若非如此，代表我們不需要所有的方法，因此必須覆寫或替換它們。這是一種設計錯誤，原因可能是：

- 超類別的定義太模糊了，而且含有過多功能，沒有把介面定義好
- 子類別在繼承之後，沒有適當的專門化（specialize）它的超類別

適合使用繼承的情況之一是，當你有一個類別定義了一些元件，那些元件的行為是用類別的介面（類別的公用方法與屬性）定義的，你就必須將這個類別專門化，以便建造功能相同但加入其他的東西或改變某些行為的物件。

你可以在 Python 標準程式庫本身找到一些使用繼承的好範例。例如，在 `http.server` 套件內（`https://docs.python.org/3/library/http.server.html#http.server.BaseHTTPRequestHandler`），我們可以找到 `BaseHTTPRequestHandler` 這種基礎類別，以及擴展它並加入或改變部分基礎介面的子類別 `SimpleHTTPRequestHandler`。

談到介面的定義，這也是另一種適合使用繼承的情況。當我們想要強制規定某些物件介面時，可以建立一個只定義介面但未實作功能的抽象基礎類別，讓繼承它的類別都必須實作這個介面才能成為正確的子型態。

最後，關於繼承的另一個好例子是“例外”。我們可以看到 Python 的標準例外是從 `Exception` 繼承的。這就是你可以使用通用子句，例如 `except Exception:` 的原因，它可以捕捉所有可能的錯誤。這裡要談的重點是概念，那些錯誤都是從 `Exception` 繼承的類別，它們是更具體的例外。在知名的程式庫中也是如此，例如 `requests` 程式庫的 `HTTPError` 是 `RequestException`，`RequestException` 又是 `IOError`。

繼承的反模式

如果要將上一節歸結成一個詞，那就是專門化。正確使用繼承的方式，就是將物件專門化，並從基礎類別開始建立比較詳細的抽象。

父（或基礎）類別是衍生類別的公用定義的一部分，因為繼承來的方法將會成為新類別介面的一部分。因此，類別的公用方法必須與父類別定義的一致。

例如，繼承 BaseHTTPRequestHandler 的類別實作名為 handle() 的方法是合理的事情，因為它覆寫了其中一個父代。如果它有另一個方法的名稱與 HTTP request 相關的動作有關，我們也認為這是正確的（但是我們認為無法在那個類別內找到 process_purchase() 這種東西）。

上面的說明雖然淺顯易懂卻很常見，尤其是當開發者只想要透過繼承來重用程式碼時。下一個範例要展示一個典型的情況，它是在 Python 中經常出現的反模式——你想要表示一個領域問題，並且為那個問題設計了一個資料結構，但你不是建立一個物件來使用這個資料結構，而是讓物件變成資料結構本身。

我們用一個範例來具體討論這些問題。假設我們有個管理保險的系統，有一個模組負責讓不同的客戶有不同的保單。我們必須在記憶體保存當前正在處理的客戶，這樣才能在做進一步處理或儲存時套用變動。我們的基本動作是將新客戶的紀錄存為衛星資料，套用保單的變動或編輯一些資料等等。我們也要支援批次處理，也就是說，如果（這個模組正在處理的）保單本身改變了，就必須將這些改變套用到當前事務的所有客戶。

知道我們需要的資料結構之後，我們認為以固定的時間存取特定客戶的紀錄是很好的特性。因此，policy_transaction[customer_id] 這類的東西看起來是良好的介面，所以我們或許會覺得應該使用 subscriptable 物件，並且進一步認為需要使用字典：

```
class TransactionalPolicy(collections.UserDict):
    """錯誤使用繼承的範例。"""

    def change_in_policy(self, customer_id, **new_policy_data):
        self[customer_id].update(**new_policy_data)
```

使用這段程式，我們可以用客戶的代碼取得他的保單資訊：

```
>>> policy = TransactionalPolicy({
...     "client001": {
...         "fee":1000.0,
...         "expiration_date": datetime(2020, 1, 3),
...     }
... })
```

```
>>> policy["client001"]
{'fee':1000.0, 'expiration_date': datetime.datetime(2020, 1, 3, 0, 0)}
>>> policy.change_in_policy("client001", expiration_date=datetime(2020, 1,
4))
>>> policy["client001"]
{'fee':1000.0, 'expiration_date': datetime.datetime(2020, 1, 4, 0, 0)}
```

我們確實完成了想要的介面，但代價是什麼？現在這個類別會執行沒必要的方法，因而有許多額外的行為：

```
>>> dir(policy)
[ # 為了簡化，省略所有的魔術與特殊方法...
 'change_in_policy', 'clear', 'copy', 'data', 'fromkeys', 'get', 'items',
'keys', 'pop', 'popitem', 'setdefault', 'update', 'values']
```

這個設計（至少）有兩個主要的問題。一方面，它的階層結構是錯的。用基礎類別來建立新類別代表新類別是比原本的類別更具體的版本（所以才這樣稱呼）。`TransactionalPolicy` 怎麼會是字典呢？這合理嗎？請記得，這是物件的公用介面的一部分，因此使用者可以看到這個類別、它們的階層結構，也會看到這種奇怪的專門化，以及它的公用方法。

這導致第二個問題——耦合。transactional policy 的介面有許多來自字典的方法。transactional policy 真的需要 `pop()` 或 `items()` 這類的方法嗎？但是它們出現在那裡。它們也是公用的，所以這個介面的任何使用者都有權呼叫它們，這可能帶來某種不受歡迎的副作用。還有，繼承字典並未帶太多好處。唯一可以更新因為改變當前保單而被影響的所有客戶的方法（`change_in_policy()`）不在基礎類別內，所以我們必須自行定義它。

這是將“實作物件”與“領域物件”混在一起造成的問題。字典是個實作物件，是一種資料結構，適合某些類型的操作，並且擁有與所有資料結構一樣的權衡取捨。transactional policy 應該代表領域問題中的事項，它是我們想要解決的問題的部分實體。

這種階層結構是不正確的，我們不應該只為了從基礎類別取得一些魔術方法（為了讓物件 subscriptable，所以繼承字典）而建立這種繼承。我們只應該在建立比較具體的“實作類別”時，才單獨繼承“實作類別”。換句話說，當你想要建立另一個（比較具體或稍微修改後的）字典時，才繼承字典。同一條規則也適用於領域問題的類別。

這個案例的正確做法是使用組合。TransactionalPolicy 本身不是字典——它要使用字典才對。它應該在私用屬性儲存字典，並用那個字典來實作 __getitem__()，接著只實作所需的其他公用方法：

```
class TransactionalPolicy:
    """重新建構範例來使用組合。"""

    def __init__(self, policy_data, **extra_data):
        self._data = {**policy_data, **extra_data}

    def change_in_policy(self, customer_id, **new_policy_data):
        self._data[customer_id].update(**new_policy_data)

    def __getitem__(self, customer_id):
        return self._data[customer_id]

    def __len__(self):
        return len(self._data)
```

這種做法不但在概念上是正確的，也比較容易擴展。只要介面保持不變，當底層的資料結構（目前它是字典）改變時，這個物件的呼叫方就不會受影響。這可以減少耦合、連鎖反應、幫助重構（單元測試應該不能改變），並且讓程式碼更易於維護。

Python 的多重繼承

Python 支援多重繼承。不當使用繼承會造成設計問題，當你沒有正確地實作多重繼承時，也會產生更大的問題。

因此多重繼承是把雙刃劍。它在很多情況下也相當好用。需要澄清的是，多重繼承本身沒有錯——唯一的問題在於它沒有被正確地實作時會將問題放大。

如果你正確使用多重繼承，它絕對是有效的解決方案，也帶來許多新的模式（例如**第九章，常見的設計模式**中介紹的配接器模式）與 mixin。

多重繼承最強大的應用之一或許就是建立 mixin。在探討 mixin 之前，我們要瞭解多重繼承如何工作，以及 Python 如何在複雜的階層中解析方法。

方法解析順序（MRO）

有些人因為多重繼承在其他語言裡面的限制而不喜歡它們，例如所謂的鑽石問題。如果有個類別繼承兩個以上的類別，且這些類別也全部繼承其他的基礎類別，最下層的類別有許多解析上層類別方法的做法。問題在於，該使用哪個實作？

下圖是個多重繼承結構。最上面的類別有個類別屬性，並實作了 `__str__` 方法。看一下任何一個具體類別，例如 `ConcreteModuleA12` ——它繼承了 `BaseModule1` 與 `BaseModule2`，且它們都從 `BaseModule` 取得 `__str__` 的實作。`ConcreteModuleA12` 會使用這兩個方法的哪一個？

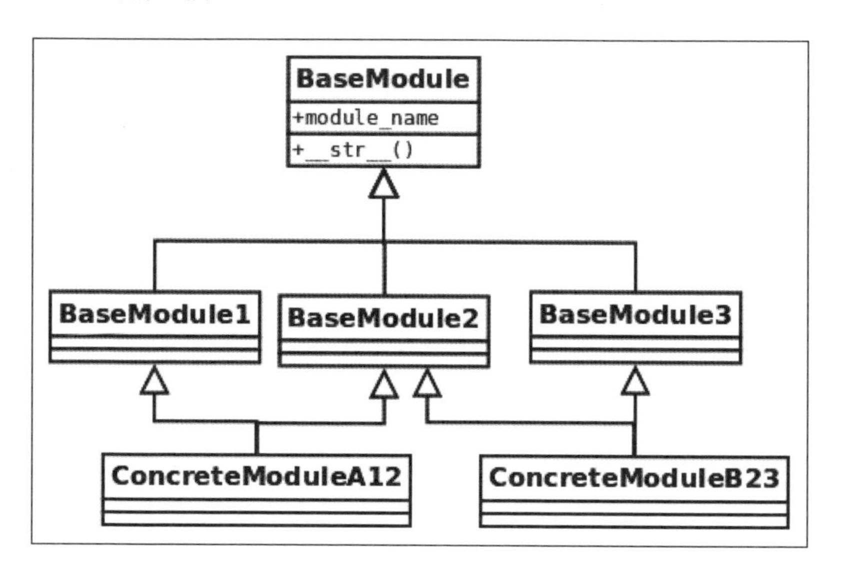

我們可以用類別屬性的值知道答案：

```
class BaseModule:
    module_name = "top"

    def __init__(self, module_name):
        self.name = module_name

    def __str__(self):
        return f"{self.module_name}:{self.name}"
```

```
class BaseModule1(BaseModule):
    module_name = "module-1"

class BaseModule2(BaseModule):
    module_name = "module-2"

class BaseModule3(BaseModule):
    module_name = "module-3"

class ConcreteModuleA12(BaseModule1, BaseModule2):
    """Extend 1 & 2"""

class ConcreteModuleB23(BaseModule2, BaseModule3):
    """Extend 2 & 3"""
```

接著我們來測試它，看看被呼叫的是哪一個方法：

```
>>> str(ConcreteModuleA12("test"))
'module-1:test'
```

結果沒有發生衝突的情形，Python 藉由使用一種稱為 **C3 linearization** 或 MRO 的演算法來定義應該呼叫哪一個方法。

事實上，我們可以明確要求類別列出它的解析順序：

```
>>> [cls.__name__ for cls in ConcreteModuleA12.mro()]
['ConcreteModuleA12', 'BaseModule1', 'BaseModule2', 'BaseModule', 'object']
```

在設計類別時，知道"方法在階層中是怎麼解析的"很有幫助，因為我們可以使用 mixin。

mixin

mixin 是封裝了常見行為的基礎類別，其目的是為了重用程式碼。通常 mixin 類別本身沒有什麼用途，僅擴展這個類別當然也沒什麼作用，因為它通常會使用其他類別定義的方法與特性。具體的用法是同時使用 mixin 類別與其他類別，透過多重繼承來讓 mixin 類別的方法或特性生效。

假如我們有個簡單的解析器，它會接收一個字串，並迭代以連字號（-）分隔的值：

```
class BaseTokenizer:

    def __init__(self, str_token):
        self.str_token = str_token

    def __iter__(self):
        yield from self.str_token.split("-")
```

這段程式很簡單：

```
>>> tk = BaseTokenizer("28a2320b-fd3f-4627-9792-a2b38e3c46b0")
>>> list(tk)
['28a2320b', 'fd3f', '4627', '9792', 'a2b38e3c46b0']
```

但現在我們希望在不修改基礎類別的情況下回傳大寫的值。對這個簡單的範例而言，我們直接建立一個新類別就可以了，但我們假設已經有許多類別繼承 BaseTokenizer 了，不想要修改所有的類別。我們可以在階層中混合一個新類別來處理這個轉換：

```
class UpperIterableMixin:
    def __iter__(self):
        return map(str.upper, super().__iter__())


class Tokenizer(UpperIterableMixin, BaseTokenizer):
    pass
```

新的 Tokenizer 類別很簡單。因為它利用了 mixin，所以不需要任何程式碼。這種混合行為就像是一種裝飾器。從前面的內容可以看到，Tokenizer 從 mixin 取得 __iter__，__iter__ 又委託給其他類別（藉由呼叫 super()），也就是 BaseTokenizer，但是它會將值轉換成大寫，產生所需的效果。

函式與方法的引數

在 Python 中，你可以讓函式以各種方式接收引數，呼叫方也可以用多種方式提供這些引數。

軟體工程領域也有一組業界採用的介面定義方法，它們與定義函式引數有密切的關係。

本節會先討論 Python 函式的引數機制，接著介紹這個主題的軟體工程優良做法原則，最後將這兩個概念結合起來。

Python 的函式引數如何工作？

首先，我們要討論 Python 將引數傳給函式的特殊做法，接著回顧與這些概念有關的軟體工程實踐理論。

藉由瞭解 Python 有哪些處理參數的做法，我們將更容易吸收一般規則，如此一來，當我們處理引數時就更容易知道什麼是好的模式或表達風格。接著，我們可以確定在哪些情況下採取符合 Python 習慣的做法是正確的，以及在哪些情況下，我們可能已經濫用語言的特性了。

引數如何複製給函式？

Python 的第一條規則是所有引數都是以值傳遞的，絕對如此。這意味著當你傳遞值給函式時，它們會被指派給函式的簽章內的變數，以備後用。你可以發現，會變動引數的函式可能會使用型態引數——如果我們傳遞 `mutable` 物件而且函式的內文會修改它，當然會產生副作用，當函式 return 時，它們會被修改。

我們可以在下面的程式中看到差異：

```
>>> def function(argument):
...     argument += " in function"
...     print(argument)
...
>>> immutable = "hello"
>>> function(immutable)
hello in function
>>> mutable = list("hello")
>>> immutable
'hello'
>>> function(mutable)
['h', 'e', 'l', 'l', 'o', ' ', 'i', 'n', ' ', 'f', 'u', 'n', 'c', 't', 'i',
'o', 'n']
>>> mutable
['h', 'e', 'l', 'l', 'o', ' ', 'i', 'n', ' ', 'f', 'u', 'n', 'c', 't', 'i',
'o', 'n']
>>>
```

從結果來看，程式似乎有不一致的行為，但事實並非如此。當我們傳入第一個引數，也就是一個字串時，它會被指派給函式的引數。因為字串物件是不可變的，所以 "argument += <expression>" 這種陳述式其實會建立新物件 "argument + <expression>"，並將它指派回去給 argument。此外，argument 只是在函式範圍內的區域變數，與呼叫方原本的那一個無關。

另一方面，當我們傳遞 list 時，它是 mutable 物件，此時上述的陳述式有不同的意義（其實相當於對那個 list 呼叫 .extend()）。運算子會透過一個保存 “原始的 list 物件的參考” 的變數來就地修改 list，因此為修改它。

我們必須小心地處理這類的參數，因為它可能會造成意外的副作用。除非你完全確定用這種方式來操作可變參數是正確的，否則我建議你避免這種做法，改用其他不會造成這些問題的方式。

不要 mutate（改變）函式引數。一般來說，請盡量避免在函式內造成副作用。

與許多其他程式語言一樣，Python 的引數可以用位置來傳遞，但也可以用關鍵字。這代表我們可以明確地告知函式：我們希望它的哪個參數使用哪個值。唯一要注意的是，用關鍵字來傳遞參數之後，剩餘的所有參數也要用這種方式來傳遞，否則就會產生 SyntaxError。

可變數量的引數

Python 與其他語言都有內建的函式與結構可接收可變數量的引數。考慮字串插值函式的例子（無論是使用 % 運算子還是字串的 format 方法），它的結構類似 C 的 printf 函式，第一個位置的參數是字串格式，之後是任意數量的引數，那些引數會被放在字串格式內的標記的位置上。

除了利用 Python 提供的函式之外，我們也可以建立自己的函式，它可以用類似的方式來工作。本節將討論 “使用可變數量引數的函式” 的基本原則與建議，如此一來，我們就可以在下一節討論如何利用這些特性來處理有過多引數的函式可能出現的問題與限制。

我們會在包裝引數的變數名稱前面加上星號（*）來定義可變數量的位置引數（positional argument）。這是利用 Python 的包裝機制來運作的。

假設有個函式接收三個位置引數。在一部分的程式中，我們想用將引數放在串列裡面傳給函式，且這些引數的順序與函式接收的順序相同。我們不想要一個一個按照位置來傳遞引數（也就是將 list[0] 傳給第一個元素，將 list[1] 傳給第二個，以此類推），因為這樣很不符合 Python 風格，而是使用包裝機制，用一個指令來一次傳遞它們：

```
>>> def f(first, second, third):
...     print(first)
...     print(second)
...     print(third)
...
>>> l = [1, 2, 3]
>>> f(*l)
1
2
3
```

包裝機制的好處是它也可以反向工作。如果我們想要將串列的值放到變數裡面，依照它們各自的位置，可以這樣指派它們：

```
>>> a, b, c = [1, 2, 3]
>>> a
1
>>> b
2
>>> c
3
```

我們也可以局部拆包。假如我們只對序列（或許是串列、tuple 或其他東西）的前幾個值有興趣，而且希望將其他的部分放在一起。我們可以指派需要的變數，並且讓其他的值留在包起來的串列內。拆包的順序是沒有限制的。如果沒有東西被放在未拆開的小段落裡面，結果會是個空串列。建議讀者在 Python 終端機嘗試下面的程式，確認產生器也可以用來拆包：

```
>>> def show(e, rest):
...     print("Element: {0} - Rest: {1}".format(e, rest))
...
>>> first, *rest = [1, 2, 3, 4, 5]
>>> show(first, rest)
Element: 1 - Rest: [2, 3, 4, 5]
>>> *rest, last = range(6)
>>> show(last, rest)
```

```
Element: 5 - Rest: [0, 1, 2, 3, 4]
>>> first, *middle, last = range(6)
>>> first
0
>>> middle
[1, 2, 3, 4]
>>> last
5
>>> first, last, *empty = (1, 2)
>>> first
1
>>> last
2
>>> empty
[]
```

你可以在迭代的時候看到拆包的最佳用途之一。當我們必須迭代一系列的元素，且每一個元素又是個序列時，有一種很好的做法就是在迭代每一個元素的同時拆開它們。為了觀察這種例子的動作，假設我們有一個函式會接收一個用資料庫的資料列組成的串列，且這個函式的工作是用那些資料建立使用者。第一種做法是從資料列的各個欄位取得建構使用者所需的值，這完全不符合典型風格。第二種做法是在迭代的同時拆包：

```
USERS = [(i, f"first_name_{i}", "last_name_{i}") for i in range(1_000)]


class User:
    def __init__(self, user_id, first_name, last_name):
        self.user_id = user_id
        self.first_name = first_name
        self.last_name = last_name


def bad_users_from_rows(dbrows) -> list:
    """用 DB 列來建構 ``User`` 的不良案例（非 Python 風格）。"""
    return [User(row[0], row[1], row[2]) for row in dbrows]


def users_from_rows(dbrows) -> list:
    """用 DB 列建構 ``User``。"""
```

```
    return [
        User(user_id, first_name, last_name)
        for (user_id, first_name, last_name) in dbrows
    ]
```

請注意，第二個版本容易閱讀多了。在第一個版本的函式（bad_users_from_rows）中，我們使用 row[0]、row[1] 與 row[2] 這種形式的資料，它們無法表達自己到底是什麼。在第二個版本中，你可以從變數名稱 user_id、first_name 與 last_name 知道它們是什麼。

當我們設計自己的函式時可以利用這種功能。

你可以在標準程式庫的 max 函式找到這種案例，它的定義是：

```
max(...)
    max(iterable, *[, default=obj, key=func]) -> value
    max(arg1, arg2, *args, *[, key=func]) -> value
    With a single iterable argument, return its biggest item.The
    default keyword-only argument specifies an object to return if
    the provided iterable is empty.
    With two or more arguments, return the largest argument.
```

它使用類似的表示法，用兩個星號（**）來代表關鍵字引數。如果我們有個字典，並且用雙星號將它傳給函式，它會將 key 當成參數的名稱，並將那個 key 的值當成參數的 value。

例如：

```
function(**{"key": "value"})
```

與這種寫法相同：

```
function(key="value")
```

反之，如果我們在定義函式時使用雙星號開頭的參數，就會發生相反的情況——以關鍵字提供的參數會被包入字典：

```
>>> def function(**kwargs):
...     print(kwargs)
...
>>> function(key="value")
{'key': 'value'}
```

函式的引數數量

本節會先說明接收過多引數的函式或方法是不良設計的癥兆（code smell，代碼異味），再提出幾種處理這個問題的方法。

第一種替代方案是比較一般性的軟體設計原則——具體化（為傳入的所有引數建立新物件，它或許是我們缺少的抽象）。將多個引數壓縮在一個新物件內不是 Python 專屬的解決方案，而是可以用任何一種語言來實現的做法。

另一種選項是使用上一節看過的 Python 專屬功能，使用可變的位置引數與關鍵字引數來建立具備動態簽章的函式。雖然這是符合 Python 風格的做法，但我們也要小心地避免濫用這項功能，因為我們可能會做出動態得難以維護的東西。在這種情況下，我們必須看一下函式的內文。無論簽章如何，且無論參數看起來是否正確，如果函式做太多事情來回應參數值，就是必須將它拆成多個小函式的癥兆（請記得，函式應該做一件事，且只有一件事！）。

函式引數與耦合

函式有越多引數，它就越有可能與呼叫方函式緊密耦合。

假設我們有兩個函式 `f1` 與 `f2`，且後者接收五個參數。`f2` 接收越多參數，任何人就越難以收集並傳遞所有參數來呼叫它，讓它正確地工作。

假如 `f1` 可以正確地呼叫 `f2`，看起來 `f1` 已經擁有所有的資訊了，此時我們可以推導出兩個結論：首先，`f2` 可能是個有漏洞的抽象，因為 `f1` 知道 `f2` 需要接收的任何東西，所以很有可能 `f1` 知道 `f2` 的內部做了哪些事情，所以可以自己做那件事情。總而言之，這代表 `f2` 沒那麼抽象。其次，這看起來 `f2` 只能讓 `f1` 使用，你很難想像這個函式還可以在哪裡使用，所以它難以重複使用。

當函式有更通用的介面，而且能夠與更高層的抽象合作時，它們的重用性就更高。

這個準則適用於各種函式與物件方法，包括類別的 `__init__`。有這種方法通常（但不總是如此）代表應該改成傳遞更高層的抽象，或者有個缺少的物件。

如果函式需要過多參數才能正常工作，你可以視之為代碼異味。

事實上，因為這是一種設計問題，所以當 pylint 之類的靜態分析工具（**第一章，簡介、程式碼格式與工具**談過）遇到這類情況時，會在預設情況下會發出警告。發生這種情況時，不要取消警告，而是要重構程式。

接收過多引數的緊湊函式簽章

假設我們發現有個函式需要太多參數了，不想要讓基礎程式維持這種情況，所以必須重構它，但是有哪些做法？

根據具體情況，你可以採取以下的一些規則。它們絕對不是可以任意應用的規則，但提供了一些處理常見情況的概念。

當我們看到大部分的參數都屬於一個普通的物件時，有一種簡單的方法可以改變參數。例如，思考下列的函式呼叫式：

```
track_request(request.headers, request.ip_addr, request.request_id)
```

這個函式可能會，也可能不會接收額外的引數，但顯然所有的參數都有 request，這樣為什麼不傳遞 request 物件就好了？這是很簡單的修改，但是會明顯改善程式，正確的函式呼叫式應該是 track_request(request) ——更不用說它在語義上也更有道理。

雖然我們鼓勵用這種方式來傳遞參數，但是當我們傳遞可變物件給函式時，無論如何都必須非常小心副作用。我們呼叫的函式不應該對傳入的物件做任何修改，因為改變物件會產生不希望發生的副作用。除非它真的是想要的效果（此時必須明確表達），否則不建議這種行為。就算我們真的想要改變物件的某些東西，比較好的做法是複製它，並回傳它的（新的）修改版本。

處理不可變物件，並盡量避免副作用。

這帶來一個類似的主題：將參數分組。上一個範例已經將參數分組了，但那個群組（在這個例子是 request 物件）未被使用。但其他的案例沒有這麼明顯，而且我們可能想要將參數的資料全部做成一個容器物件。不言可喻，這個分組必須是有意義的。這裡的概念是**具體化**（*reify*）：建立程式的設計缺少的抽象。

如果之前的做法無效，最後一種手段就是改變函式的簽章，讓它接收可變數量的引數。如果引數的數量太多了，使用 `*args` 或 `**kwargs` 會讓事情更難遵循，所以我們必須將介面妥善地文件化與正確地使用它，但是在某些情況下，這個代價是值得的。

誠然，用 `*args` 與 `**kwargs` 定義的函式很有彈性與適應性，但缺點是它失去識別性，從而失去部分含義，以及幾乎所有的易讀性。我們看過一些用變數（包括函式引數）名稱來讓程式碼更容易閱讀的案例。如果函式可接收任何數量的引數（位置或關鍵字），當我們日後查看那個函式時，可能無法知道它究竟如何處理參數，除非它有很好的 docstring。

關於優良軟體設計的最後提示

良好的軟體設計包括遵循良好的軟體工程做法，以及利用語言大部分的功能。使用 Python 提供的所有功能可帶來很大的價值，但濫用它們以及試著在簡單的設計上使用複雜的功能也有很大的風險。

除了這條一般原則之外，以下這些最後的建議相信對你也有幫助。

軟體的正交性

這個字眼很籠統，有很多意思或解釋。在數學上，正交性代表兩個元素是互相獨立的。如果兩個向量正交，代表它們的純量乘積是零，也代表它們完全不相關：你對其中一個向量做的改變完全不會影響另一個。這就是我們應該在軟體中採取的思考方式。

改變模組、類別或函式不應該影響被修改的元件之外的世界。這當然是相當理想的做法，但不一定做得到。不過就算在無法做到的情況下，良好的設計也會試著盡量減少影響。我們已經看過諸如“分離關注點”、“內聚性”，以及“分離元件”等概念了。

就軟體的執行期結構而言，正交可解釋成“讓改變（或副作用）局部化”。舉例來說，這意味著呼叫一個物件方法不應該更改其他（不相關的）物件的內部狀態。本書已經強調過（也會持續如此）在程式碼中盡量減少副作用的重要性。

在 mixin 類別的範例中，我們建立一個回傳可迭代物的 `tokenizer` 物件。以 `__iter__` 方法回傳新產生器可以提升所有的三個類別（基礎、混合與具體類別）都正交的機率。如果它回傳某個具體的東西（例如串列），就會依賴其他類別，因為當我們改變串列時，可能就必須更改其他部分的程式，這意味著類別沒有該有的獨立性。

看一個簡單的例子。Python 允許用參數傳遞函式，因為它們是一般的物件。我們可以用這個功能來達成正交性。我們有個計算價格的函式，這個價格包括稅與折扣，但我們想要將算出來的價格格式化：

```
def calculate_price(base_price: float, tax: float, discount: float) ->
    return (base_price * (1 + tax)) * (1 - discount)


def show_price(price: float) -> str:
    return "$ {0:,.2f}".format(price)


def str_final_price(
    base_price: float, tax: float, discount: float, fmt_function=str
) -> str:
    return fmt_function(calculate_price(base_price, tax, discount))
```

請注意，頂層的函式使用兩個正交函式。留意我們如何計算價格，並且用另一個函式來顯示價格值。改變一個函式不會改變另一個。如果我們沒有傳遞任何函式，它會使用字串轉換作為預設的顯示函式，如果我們傳遞自訂函式，它產生的字串將會改變。但是在 show_price 裡面的改變不會影響 calculate_price。我們可以在修改任何一個函式的同時，確保另一個維持原樣：

```
>>> str_final_price(10, 0.2, 0.5)
'6.0'

>>> str_final_price(1000, 0.2, 0)
'1200.0'

>>> str_final_price(1000, 0.2, 0.1, fmt_function=show_price)
'$ 1,080.00'
```

正交性有一個有趣的特性。如果兩個部分的程式碼是正交的，代表其中一個改變時不會影響另一個。這意味著被改變的部分的單元測試與其他部分的單元測試也是正交的。在這個假設之下，如果這些測試通過了，我們可以假設（在一定程度上）應用程式是正確的，不需要做完整的迴歸測試。

更廣泛來看，正交性可以從功能的角度來考慮。如果應用程式的兩種功能是完全獨立的，我們就可以單獨測試與發布它們，而不需要擔心其中一個會損壞另一個（或其他的程式）。假設專案需要一個新的身分驗證機制（oauth2，只是為了舉例），同時，另一個團隊也正在製作新報告。除非系統有一些根本性的錯誤，否則這兩種功能不應該影響彼此。無論哪一個被先合併，另一個完全不會受影響。

構建程式碼

程式碼的構建方式也會影響團隊的效率與它的易維護性。

具體來說，在大型檔案裡面放入許多定義（類別、函式、常數等等）是必須避免的壞習慣。我的意思不是你要採取極端的做法，只在一個檔案裡面放一個定義，而是良好的基礎程式應該根據相似性來架構與放置元件。

幸運的是，在多數情況下，在 Python 中將大型的檔案改成比較小的檔案並不難。就算有許多其他部分的程式依賴那個檔案裡面的定義，你也可以將它拆成套件（package），同時保持完全相容。做法是建立一個新的目錄，並在裡面放入一個 `__init__.py` 檔案（這會讓它成為一個 Python 套件）。除了這個檔案之外，你還要放入其他的定義檔案（用某些規則來將較少量的函式與類別組成一組）。接著，`__init__.py` 檔案會從其他檔案匯入既有的定義（這可保證它的相容度）。此外，這些定義可在模組的 `__all__` 變數列舉，讓它們可被匯出。

這種做法有許多優點，除了可讓各個檔案都比較容易瀏覽之外，也更容易找到東西，基於以下的原因，你也可以說它比較有效率：

- 模組被匯入時，需要解析與載入記憶體的物件比較少
- 模組本身可能匯入較少的模組，因為它需要較少的依賴項目

在專案中實施一些規範也很有幫助。例如，我們可以建立一個專門儲存常數值的檔案並匯入它，而不是在所有檔案中放入 constants：

```
from mypoject.constants import CONNECTION_TIMEOUT
```

以這種方式集中資訊可幫助重用程式碼，以及協助避免無意間造成的重複。

我們會在**第十章，簡潔的結構**討論軟體架構時，進一步討論拆開模組與建立 Python 套件。

結論

本章討論一些實現簡潔設計的原則，讓你知道到“程式碼是設計的一部分”這個概念是製作高品質軟體的關鍵。本章與接下來的章節都會把重心放在這裡。

當你具備這些觀念之後就可以建構更強健的程式了。例如，藉由採取 DbC，你可以建立保證可在合約的約束下工作的元件。更重要的是，如果發生錯誤，我們不會措手不及，反而會有明確的概念，知道罪魁禍首是誰，以及哪一個部分的程式違反合約。這種劃分顯然可以幫助除錯。

按照類似的思路，如果各個元件可以防禦惡意或不正確的輸入，它們就更強健。雖然這個概念與按照合約設計是不同的方向，但它們可以良好地互補。防禦性設計是很棒的做法，尤其是在應用程式最重要的部分。

在使用這兩種做法時（依合約設計及防禦性設計），正確地處理斷言都很重要。請記住如何在 Python 中使用它們，不要將斷言當成控制流程邏輯的一部分使用，也不要捕捉這個例外。

講到例外，知道它們的用法與使用時機很重要，且最重要的概念是避免將例外當成控制流程（go-to）結構來使用。

我們討論了經常在物件導向設計中出現的主題：該使用繼承還是組合。這個主題主要的結論就是不要只使用其中一個，而是使用比較好的選項；我們也應該避免一些在 Python 中常見的反模式（尤其是鑒於它的高度動態特質）。

最後，我們討論了函式的引數數量以及簡潔設計的啟發式方法——永遠考慮 Python 的特質。

它們都是基本的設計概念，也是下一章的基礎。我們要先瞭解這些概念才可以進入更進階的主題，例如 SOLID 原則。

參考文獻

以下是你可以參考的資訊：

- *Object-Oriented Software Construction, Second Edition*，Bertrand Meyer 著
- *The Pragmatic Programmer: From Journeyman to Master*，Andrew Hunt 與 David Thomas 著，Addison-Wesley 出版，2000 年

- *PEP-316*：Programming by Contract for Python（`https://www.python.org/dev/peps/pep-0316/`）
- *REAL 01*：The Most Diabolical Python Antipattern：`https://realpython.com/the-most-diabolical-python-antipattern/`
- *PEP-3134*：Exception Chaining and Embedded Tracebacks（`https://www.python.org/dev/peps/pep-3134/`）
- *Idiomatic Python: EAFP versus LBYL*（`https://blogs.msdn.microsoft.com/pythonengineering/2016/06/29/idiomatic-python-eafp-versus-lbyl/`）
- *Composition vs. Inheritance: How to Choose?*（`https://www.thoughtworks.com/insights/blog/composition-vs-inheritance-how-choose`）
- Python HTTP（`https://docs.python.org/3/library/http.server.html#http.server.BaseHTTPRequestHandler`）
- Source reference for exceptions in the `requests` library（`http://docs.python-requests.org/en/master/_modules/requests/exceptions/`）
- *Code Complete: A Practical Handbook of Software Construction, Second Edition*，Steve McConnell 著

4 SOLID 原則

本書將繼續討論適合 Python 的簡潔設計概念。具體來說，我們要回顧所謂的 SOLID 原則，以及如何以 Python 風格實作它。這些原則必須透過一系列的優良做法來做出品質更好的軟體。如果你不知道 SOLID 代表什麼意思，它是：

- **S**：單一功能原則（Single responsibility principle）
- **O**：開閉原則（Open/closed principle）
- **L**：里氏替換原則（Liskov's substitution principle）
- **I**：介面隔離原則（Interface segregation principle）
- **D**：依賴反轉原則（Dependency inversion principle）

本章的目標如下：

- 熟悉軟體設計的 SOLID 原則
- 設計遵循單一功能原則的軟體元素
- 透過開閉原則實現更易維護的程式
- 藉由遵循里氏替換原則，在物件導向設計中實作適當的類別階層
- 以介面隔離與依賴反轉原則進行設計

單一功能原則

單一功能原則（SRP）的意思是軟體元件（一般是類別）只能有一個功能。類別只有一個功能代表它只負責做一件具體的事情，因此我們可以得到一個結論：它只有一個改變的理由。

唯有在問題領域裡面有一個事項需要改變時，你才要改變那個類別。如果我們為了不同的理由而必須修改同一個類別，這就代表抽象是不正確的，且那個類別有太多功能了。

第二章，符合 *Python* 風格的程式介紹過，這個設計原則可協助我們建立更內聚的抽象，也就是依循 Unix 哲學，只做一件事的物件。在任何情況下，我們不想要讓物件有多種功能（通常稱為 **god-objects**，因為它們知道太多事情了，比它們該知道的還要多）。這些物件將不同的（且大部分是不相關的）行為聚在一起，以致於難以維護。

重述一次，類別越小越好。

SRP 與軟體設計的內聚性有密切的關係，當我們在**第三章，好程式的特徵**討論分離關注點時曾經談過它。我們在此的目標是讓類別的多數特性及其屬性都會被它的方法使用，在大多數情況下。當這種情況發生時，我們就知道它們是相關的，因此將它們聚集在同樣的抽象底下是合理的做法。

在某種程度上，這個觀念類似關聯式資料庫設計的正規化。當我們發現物件介面的屬性或方法有所區分時，代表它們也必須移到別的地方——這可能代表它們有兩個以上的抽象混合在一起。

這種原則也有另一種觀點。當你檢查一個類別時，如果發現它的方法是互相抵觸且彼此無關的，代表它們是不同的功能，必須拆成較小的類別。

有太多功能的類別

我們要在這個範例中建立一個程式，它可以從某個來源（可能是紀錄檔、資料庫或其他來源）讀取一些事件資訊，並辨識各個紀錄對應的動作。

這是不符合 SRP 的設計：

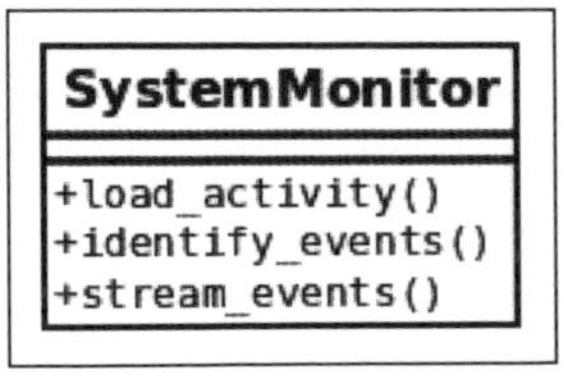

SystemMonitor
+load_activity()
+identify_events()
+stream_events()

在不考慮實作的情況下，這個類別的程式碼可能長這樣：

```
# srp_1.py
class SystemMonitor:
    def load_activity(self):
        """從來源取得要處理的事件。"""

    def identify_events(self):
        """將來源的原始資料解析成事件（領域物件）。"""

    def stream_events(self):
        """將解析後的事件送到外部代理程式。"""
```

這個類別的問題在於它用一組正交的方法來定義介面：每一個動作都可以獨立於其他動作執行。

這種設計缺陷會讓類別僵化、缺乏彈性且容易出錯，因為它難以維護。在這個範例中，每一個方法都代表一個類別功能，每個功能都代表一個需要修改的理由。在這種情況下，每一個方法都代表這個類別將來必須修改的各種理由之一。

考慮載入（loader）方法，它會從特定來源取得資訊。無論它採取哪種做法（這裡可以省略實作的細節），顯然它有自己的步驟，例如連接資料庫來源、載入資料、將它解析成預期的格式等等。如果任何一個步驟改變了（例如改變保存資料的資料結構），`SystemMonitor` 類別就需要改變。捫心自問，這合理嗎？ system monitor 物件需要為了資料結構的改變而改變嗎？不。

同樣的道理也可以套用到另兩個方法上。如果我們改變辨識事件的方式或傳送資料的方式，就要修改同一個類別。

顯然這個類別相當脆弱，不好維護。有太多原因會影響這個類別的更改了。我們希望外部因素盡量不要影響程式碼。重述一次，解決方案就是建立更小型且更內聚的抽象。

分配功能

為了讓解決方案更容易維護，我們要將各個方法分到不同的類別裡面，讓每一個類別都只有一個功能：

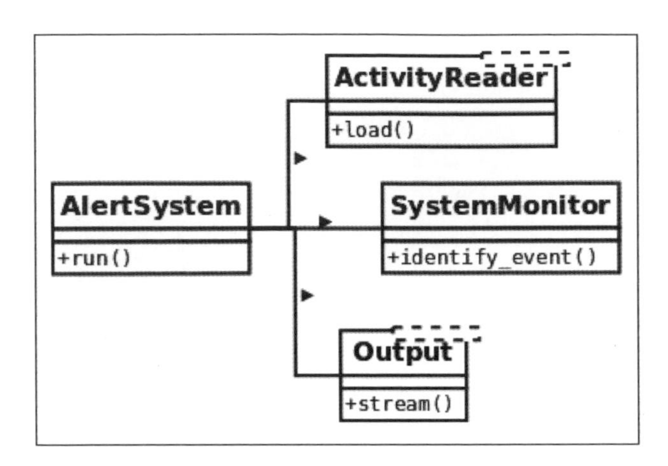

我們用一個物件來與這些新類別的實例互動，與那些物件合作來產生相同的行為，但是“各個類別都封裝了特定的方法組合而且每一個方法都彼此獨立”仍然成立。現在這些類別的任何變動都不會影響其他的程式，而且它們都有明確且具體的意義。如果我們要改變載入事件的方式，監視系統不會知道這些改變，如此一來我們就不需要修改 system monitor 的任何東西（只要合約仍然被遵守），且資料目標也不需要修改。

現在我們將程式的修改變成局部性的，並將影響降到最低，讓每一個類別都更容易維護。

新類別定義的介面不但更容易維護，也更容易重用。假如應用程式的其他部分也需要讀取紀錄中的動作，但是出於不同的目的，藉由這項設計，我們只要使用 `ActivityReader` 型態的物件就可以了（它其實是個介面，但就本節而言，這些細節並不重要，稍後在下一個原則會進一步解釋）。我們現在可以這樣做，但是上一個設計無法做到，因為當你重複使用唯一的類別時，就需要負擔完全用不到的方法（例如 `identify_events()` 或 `stream_events()`）。

有一個需要澄清的重點在於，這個原則不代表各個類別都只能有一個方法。任何一個新類別都可以有額外的方法，只要它們的邏輯與類別的功能相同就可以了。

開閉原則

開閉原則（OCP）的意思是模組應該既開放且封閉（但指的是不同的事情）。

例如，我們在設計類別時，應該小心地封裝邏輯，讓它易於維護，這代表我們希望它**對擴展開放，對修改封閉**。

簡單來說，它的意思是我們希望程式碼是可擴展的、可適應新的需求或領域問題的改變。這意味著當領域問題出現新事物時，只要在模型內加入新的程式就可以了，不用改變任何“對修改封閉”的既有程式。

如果出於某些原因，當我們加入新程式時也修改了既有程式，這就代表那個邏輯可能是不良的設計。理想情況下，當需求改變時，我們只想要用新行為來擴展模組以滿足新的需求，但不想要修改程式。

這個原則適合許多軟體抽象。它可以是類別，甚至是模組。在接下來兩節中，我們要分別觀察這兩種案例。

不遵守開閉原則的維護性風險案例

我們先來看一個不遵守開閉原則的系統設計，瞭解這種設計產生的維護性以及僵化問題。

假如我們有一部分的系統負責識別另一個（被監視的）系統發生的事件。我們希望元件根據之前收集的資料正確地識別事件的類型（為了簡化，我們假設資料值都被包成一個字典，並且已經用其他方法取出了，例如 log、查詢指令及其他手段）。我們有個類別可用這筆資料來檢索事件，它是另一種型態，有它自己的階層。

解決這個問題的第一種做法是：

```
# openclosed_1.py
class Event:
    def __init__(self, raw_data):
        self.raw_data = raw_data


class UnknownEvent(Event):
    """無法用資料來辨識的事件類型。"""


class LoginEvent(Event):
    """代表使用者剛剛進入系統的事件。"""
```

```
class LogoutEvent(Event):
    """代表使用者剛剛離開系統的事件。"""

class SystemMonitor:
    """辨識系統中發生的事件。"""

    def __init__(self, event_data):
        self.event_data = event_data

    def identify_event(self):
        if (
            self.event_data["before"]["session"] == 0
            and self.event_data["after"]["session"] == 1
        ):
            return LoginEvent(self.event_data)
        elif (
            self.event_data["before"]["session"] == 1
            and self.event_data["after"]["session"] == 0
        ):
            return LogoutEvent(self.event_data)

        return UnknownEvent(self.event_data)
```

以下是上面的程式預期的行為：

```
>>> l1 = SystemMonitor({"before": {"session":0}, "after": {"session":1}})
>>> l1.identify_event().__class__.__name__
'LoginEvent'

>>> l2 = SystemMonitor({"before": {"session":1}, "after": {"session":0}})
>>> l2.identify_event().__class__.__name__
'LogoutEvent'

>>> l3 = SystemMonitor({"before": {"session":1}, "after": {"session":1}})
>>> l3.identify_event().__class__.__name__
'UnknownEvent'
```

我們可以清楚地看到事件類型的階層，以及建構它們的商業邏輯。例如，當某個 session 的旗標之前沒有被設定，但現在被設定時，代表那筆紀錄是登入事件。相反的情況代表它是登出事件。如果無法辨識事件，就回傳未知（unknown）類型的事件。這種做法是為了實施空物件模式（null object pattern）來維持多型（不是回傳 None，而是回傳對應這個邏輯的物件）。**第九章，常見的設計模式**會討論空物件模式。

這個設計有一些問題。第一個問題是它將辨識事件類型的邏輯全部放在一個單體方法裡面。當你想要支援的事件增加時，這個方法也會變大，最後可能會變成一個冗長的方法，這不是好現象，因為如同之前所討論的，它不是只做一件事。

同時，我們可以看到這個方法沒有“對修改封閉”。每當我們要在系統中加入新的事件類型時，就必須在這個方法裡面做一些修改（更不用說，一連串的 elif 陳述式是難以閱讀的夢魘！）。

我們希望能夠在不改變這個方法的情況下加入新的事件類型（對修改封閉）。我們也希望能夠支援新的事件類型（對擴展開放），如此一來，在加入新事件時，就不需要修改既有的程式，只要加入新程式就可以了。

重構事件系統來提升擴展性

上一個例子的問題在於 SystemMonitor 類別與它即將檢索的具體類別直接互動。

為了設計遵守開閉原則的系統，我們必須朝著抽象設計。

有一種可行的替代方案是將它做成一個與各個事件合作的類別，將各種事件的邏輯委託給各自的類別：

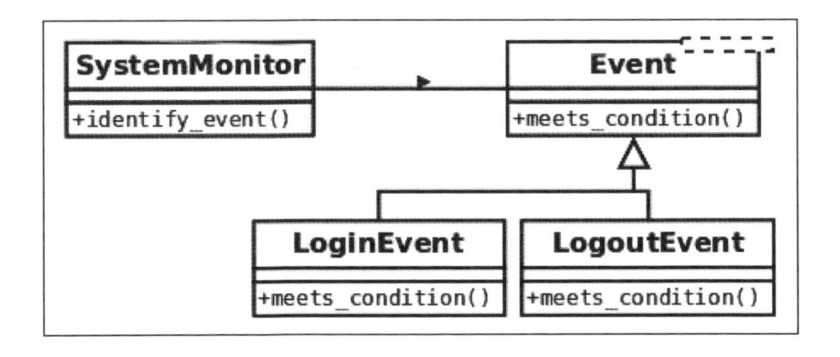

接著為每一種事件類型加入一個新（多型）方法，這個方法唯一的工作就是確定類型是否對應傳來的資料，我們也要修改“遍歷所有事件以找到正確事件”的邏輯。

新程式如下所示：

```
# openclosed_2.py
class Event:
    def __init__(self, raw_data):
        self.raw_data = raw_data
```

```
    @staticmethod
    def meets_condition(event_data: dict):
        return False

class UnknownEvent(Event):
    """無法用資料辨識的事件類型。"""

class LoginEvent(Event):
    @staticmethod
    def meets_condition(event_data: dict):
        return (
            event_data["before"]["session"] == 0
            and event_data["after"]["session"] == 1
        )

class LogoutEvent(Event):
    @staticmethod
    def meets_condition(event_data: dict):
        return (
            event_data["before"]["session"] == 1
            and event_data["after"]["session"] == 0
        )

class SystemMonitor:
    """辨識系統中發生的事件。"""

    def __init__(self, event_data):
        self.event_data = event_data

    def identify_event(self):
        for event_cls in Event.__subclasses__():
            try:
                if event_cls.meets_condition(self.event_data):
                return event_cls(self.event_data)
        except KeyError:
            continue
    return UnknownEvent(self.event_data)
```

請留意現在這個互動是如何朝著抽象發展的（在這個例子中，Event 甚至可能是通用基礎類別，甚至是抽象基礎類別或介面，但是就本例的目的而言，用具體基礎類別就夠了）。方法已經不是只處理特定的事件類型了，而是處理遵循共同介面的泛型事件——它們都是 meets_condition 方法的多型。

請留意用 `__subclasses__()` 方法來找出事件的做法。接下來要支援新類型的事件時，只要建立一個該事件的新類別，讓它繼承 `Event` 並根據它自己的商業邏輯實作它自己的 `meets_condition()` 方法即可。

擴展事件系統

接下來要證明這個設計的擴展性確實與預期的一樣。假設現在有新的需求，我們也要支援與“使用者在受監控的系統上執行 transaction”有關的事件。

這個設計的類別圖必須包含這個新事件，如下所示：

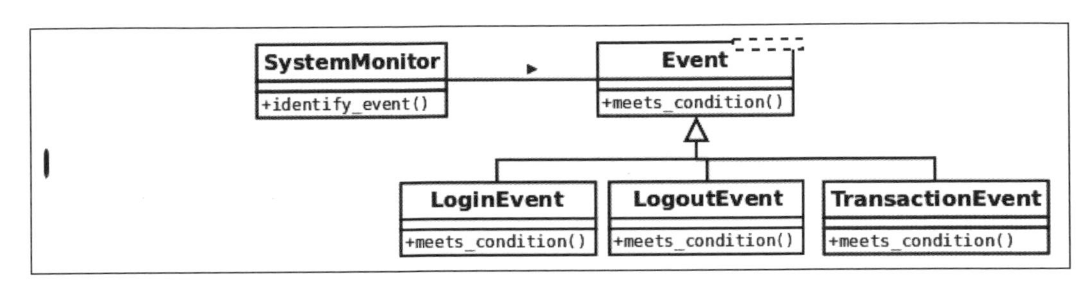

唯有在新類別加入程式才能讓邏輯一如預期地運作：

```
# openclosed_3.py
class Event:
    def __init__(self, raw_data):
        self.raw_data = raw_data

    @staticmethod
    def meets_condition(event_data: dict):
        return False

class UnknownEvent(Event):
    """無法用資料辨識的事件類型。"""

class LoginEvent(Event):
    @staticmethod
    def meets_condition(event_data: dict):
        return (
            event_data["before"]["session"] == 0
            and event_data["after"]["session"] == 1
        )
```

```
class LogoutEvent(Event):
    @staticmethod
    def meets_condition(event_data: dict):
        return (
            event_data["before"]["session"] == 1
            and event_data["after"]["session"] == 0
        )


class TransactionEvent(Event):
    """代表剛剛在系統上發生的 transaction。"""

    @staticmethod
    def meets_condition(event_data: dict):
        return event_data["after"].get("transaction") is not None


class SystemMonitor:
    """辨識系統中發生的事件。"""

    def __init__(self, event_data):
        self.event_data = event_data

    def identify_event(self):
        for event_cls in Event.__subclasses__():
            try:
                if event_cls.meets_condition(self.event_data):
                    return event_cls(self.event_data)
            except KeyError:
                continue
        return UnknownEvent(self.event_data)
```

我們可以驗證上面的案例可像之前一樣運作，且新事件也會被正確識別：

```
>>> l1 = SystemMonitor({"before": {"session":0}, "after": {"session":1}})
>>> l1.identify_event().__class__.__name__
'LoginEvent'

>>> l2 = SystemMonitor({"before": {"session":1}, "after": {"session":0}})
>>> l2.identify_event().__class__.__name__
'LogoutEvent'

>>> l3 = SystemMonitor({"before": {"session":1}, "after": {"session":1}})
>>> l3.identify_event().__class__.__name__
'UnknownEvent'
```

```
>>> l4 = SystemMonitor({"after": {"transaction":"Tx001"}})
>>> l4.identify_event().__class__.__name__
'TransactionEvent'
```

請注意，當我們加入新的事件型態時，`SystemMonitor.identify_event()` 方法完全沒有改變。因此，我們可以說這個方法對於新類型的事件是封閉的。

反過來說，`Event` 類別可讓我們加入新的事件類型。所以我們可以說事件對於新類型的擴展是開放的。

這就是這個原則的本質——當領域問題出現新事物時，我們只加入新程式碼，不修改既有的程式碼。

關於 OCP 的最終說明

你可能發現，這個原則與有效地運用多型有密切的關係。我們希望遵守用戶端可使用的多型合約朝著抽象設計，來建構具備足夠的泛型、只要維持多型的關係就可以盡量擴展模型的結構。

這個原則解決了軟體工程的一個重大目標：可維護性。不遵守 OCP 原則會造成連鎖反應，也有可能修改一個地方就會觸發整個程式的變動或損壞其他部分。

最後一個重點是，為了實現這種不修改程式碼以進行擴展的設計，我們必須為想要保護的抽象（在本例中，就是新的事件類型）建立適當的 closure。這不一定在所有程式都可以做到，有些抽象可能會發生衝突（例如，我們可能有個抽象只提供針對某種需求的 closure，但對於其他類型的需求是無效的）。在這些情況下，我們必須做出選擇，採取適當的策略來為最需要擴展的需求類型提供最佳的 closure。

里氏替換原則

里氏替換原則（LSP）指的是物件型態必須保存一系列的特性來保持設計的可靠性。

LSP 的主要概念在於，對任何類別而言，使用方應在不需分辨的情況下使用它的任何子型態，因此在執行期不會產生出乎意料的行為。這代表使用方會被完全隔離在外，不知道類別階層中的改變。

更正式的說法，里氏替換原則的原始定義是（LISKOV 01）：若 *S* 為 *T* 的子型態，則 *T* 型態的物件可用 *S* 型態的物件來取代而不會損壞程式。

我們可以用下圖說明這件事。假如有一些使用方類別需要（納入）另一個型態的物件。一般而言，我們希望這個使用方與某種型態的物件互動，也就是說，它會透過介面來工作。

這個型態可能只是個通用的介面定義、抽象類別或介面，而非本身具備行為的類別。這個型態可能會延伸許多子類別（圖表中到 **N** 為止的 **Subtype**）。這個原則的概念在於，當類別階層被正確實作時，使用方類別就可以在不需注意的情況下使用任何一個子類別實例。這些物件是可互換的，例如：

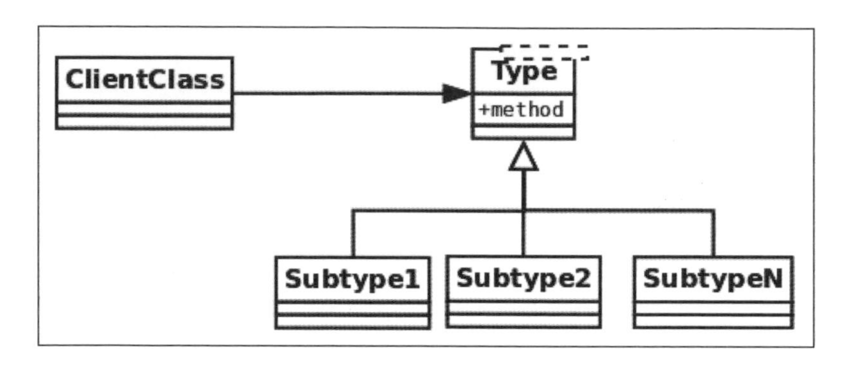

它與之前的其他設計原則有關，例如以介面設計。良好的類別必須定義明確的介面，只要子類別遵守這個介面，程式就可以維持正確。

因此，這個原則也與"按合約設計"這個概念有關。型態與使用方之間有個合約。藉由遵守 LSP 原則，程式的設計可確保當你用父類別來定義子類別時，子類別可遵守合約。

用工具來檢測 LSP 問題

有一些與 LSP 有關的錯誤非常出名，因此可以用**第一章，簡介、程式碼格式與工具介紹**的工具輕鬆地找到（主要是 Mypy 與 Pylint）。

用 Mypy 來檢測方法簽章中錯誤的資料型態

藉由在程式中使用型態註釋（見**第一章，簡介、程式碼格式與工具**的介紹）以及設置 Mypy，我們可以提早快速偵測一些基本的錯誤，並免費檢查程式是否基本遵守 LSP。

如果 Event 類別的其中一個子類別以不相容的方式覆寫方法，Mypy 可藉由檢查註釋發現它：

```
class Event:
    ...
    def meets_condition(self, event_data: dict) -> bool:
        return False

class LoginEvent(Event):
    def meets_condition(self, event_data: list) -> bool:
        return bool(event_data)
```

當我們對這個檔案執行 Mypy 時，會看到這樣的錯誤：

```
error:Argument 1 of "meets_condition" incompatible with supertype "Event"
```

它顯然違反 LSP ——因為子類別的 event_data 參數使用的型態與基礎類別不同，讓人無法相信它們的工作方式是相同的。請記得，根據這個原則，這個階層的任何呼叫方都必須能夠透明地使用 Event 或 LoginEvent，且不會察覺任何差異。交換使用這兩種型態的物件不應該讓應用程式失靈。如果無法做這件事，就會破壞類別階層的多型。

同樣的情況也會在回傳型態變成非布林型態時發生。原因在於這段程式碼的使用方期望收到布林值，如果其中一個子類別改變這個回傳型態，就會破壞合約，我們同樣無法相信程式能夠繼續正常運作。

關於彼此不同但使用同一個介面的型態，我要簡單說明一下：雖然這只是一個展示錯誤的簡單範例，但字典與串列仍然有一些共同點，它們都是可迭代物。這代表在某些情況下，寫出一個期望收到字典的方法與另一個期望收到串列的方法或許仍然是有效的，只要兩者都透過可迭代介面來處理這些參數即可。在這個情況下，問題不在邏輯本身（或許仍然符合 LSP），但是在簽章的型態定義中，你不應該讀取 list 或 dict，而是兩者的聯集（union）。無論如何，你都要修改某些東西，無論是方法的程式碼、整個設計，或只是型態註釋，但不管怎樣，你都不該關閉警告並忽略 Mypy 指出的錯誤。

不要使用 # type: ignore 或類似的東西來忽略這類的錯誤，而是要重構或修改程式，實際解決問題。這些工具都是根據正當的理由來回報設計缺陷。

用 Pylint 偵測不相容的簽章

除了改變類別階層的參數型態之外，另一種強烈違反 LSP 的情形是使用完全不同的方法簽章。這看起來是很大的錯誤，但人們並非總是記得檢測它；Python 是解譯語言，所以沒有編譯器可提早偵測這類的錯誤，因此它們無法執行期之前被發現。幸運的是，我們有 Mypy 與 Pylint 這類的靜態程式分析工具可協助提早發現這類的錯誤。

Mypy 也可以發現這類的錯誤，但執行 Pylint 來進一步瞭解它也不是件壞事。

如果有類別破壞階層結構定義的相容性（改變方法的簽章、加入額外的參數等等），例如：

```
# lsp_1.py
class LogoutEvent(Event):
    def meets_condition(self, event_data: dict, override: bool) -> bool:
        if override:
            return True
        ...
```

Pylint 可偵測它，印出訊息豐富的錯誤：

```
Parameters differ from overridden 'meets_condition' method (arguments-differ)
```

重述一次，如同之前的案例，不要掩蓋這些錯誤。請注意工具提供的警告與錯誤，並相應地修改程式碼。

較細微的 LSP 違反案例

然而，在其他情況下，違反 LSP 的情形沒有明顯到可讓工具自動發現，我們必須在審查程式碼時自行謹慎地檢查程式。

合約被修改是特別難以自動偵測的情況，鑒於 LSP 的整體概念是 "子類別只能以父類別的用法來使用"，"在類別階層中正確地保持約定" 必然也是正確的做法。

我們在**第三章，好程式的特徵**提到過，當我們按合約設計時，使用方與供應方之間的合約設定了一些規則——使用方必須提供方法的先決條件，供應方必須驗證它並回傳一些結果給使用方，接著使用方以後置條件檢查結果。

父類別定義了一些與使用方之間的合約。它的子類別必須遵守這份合約。這意味著，舉例而言：

- 子類別定義的先決條件不能比父類別的嚴格
- 子類別的後置條件不能比父類別的寬鬆

我們再來看一下上一節定義的事件階層範例，不過這次要修改一下，以便說明 LSP 與 DbC 之間的關係。

這一次，我們要幫一個“用資料來檢查規範”的方法設定先決條件：它收到的參數必須是個含有 "before" 與 "after" 兩個鍵的字典，而且這些鍵的值也是嵌套在內的字典。這可讓我們進一步封裝，因為現在使用方不需要捕捉 KeyError 例外了，只要呼叫先決條件方法即可（假設當系統在錯誤的假設之下運作時，讓系統失敗是可接受的）。附帶一提，可以在使用方移除它是件好事，因為現在 SystemMonitor 不需要知道合作類別的方法可能引發哪一種類型的例外（之前說過，例外會破壞封裝，因為呼叫方需要知道關於所呼叫物件的知識）。

我們可以這樣修改程式來展現這樣的設計：

```
# lsp_2.py

class Event:
    def __init__(self, raw_data):
        self.raw_data = raw_data

    @staticmethod
    def meets_condition(event_data: dict):
        return False

    @staticmethod
    def meets_condition_pre(event_data: dict):
        """這個介面的合約的先決條件。

        驗證 ``event_data`` 參數有正確的格式。
        """
        assert isinstance(event_data, dict), f"{event_data!r} is not a
dict"
        for moment in ("before", "after"):
            assert moment in event_data, f"{moment} not in {event_data}"
            assert isinstance(event_data[moment], dict)
```

現在檢查事件類型的程式只要檢查一次先決條件，再尋找正確的事件類型就可以了：

```
# lsp_2.py
class SystemMonitor:
    """辨識系統中發生的事件。"""

    def __init__(self, event_data):
        self.event_data = event_data

    def identify_event(self):
        Event.meets_condition_pre(self.event_data)
        event_cls = next(
            (
                event_cls
                for event_cls in Event.__subclasses__()
                if event_cls.meets_condition(self.event_data)
            ),
            UnknownEvent,
        )
        return event_cls(self.event_data)
```

這個合約只指出頂層的鍵 "before" 與 "after" 是必須的，且它們的值也應該是字典。子類別試著要求更嚴格的參數將會失敗。

我們原本就正確地設計 **transaction** 事件的類別了。看看程式並未對內部鍵 "transaction" 施加限制，它只會在它的值存在時使用那個值，但是這不是強制性的：

```
# lsp_2.py
class TransactionEvent(Event):
    """代表剛剛在系統上發生的 transaction。"""

    @staticmethod
    def meets_condition(event_data: dict):
        return event_data["after"].get("transaction") is not None
```

但是原始的兩個方法是錯誤的，因為它們都要求 "session" 鍵的存在，這不屬於原始的合約。這會破壞合約，而且現在使用方無法以同樣的方式來使用這些類別了，因為它會發出 KeyError。

修改它之後（改變 .get() 方法的方括號），我們重新建立 LSP 秩序，並讓多型生效：

```
>>> l1 = SystemMonitor({"before": {"session":0}, "after": {"session":1}})
>>> l1.identify_event().__class__.__name__
'LoginEvent'

>>> l2 = SystemMonitor({"before": {"session":1}, "after": {"session":0}})
>>> l2.identify_event().__class__.__name__
'LogoutEvent'

>>> l3 = SystemMonitor({"before": {"session":1}, "after": {"session":1}})
>>> l3.identify_event().__class__.__name__
'UnknownEvent'

>>> l4 = SystemMonitor({"before": {}, "after": {"transaction":"Tx001"}})
>>> l4.identify_event().__class__.__name__
'TransactionEvent'
```

不要期望自動化工具（無論它們多好用）可以發現這種情況，你必須小心地設計類別，以免不小心改變方法的輸入或輸出，造成不符合使用方初始預期的情況。

LSP 摘要

LSP 是良好的物件導向軟體設計基礎，因為 LSP 強調了物件導向軟體設計的核心特徵之一——多型。多型與建立正確的類別階層有關，它讓繼承基礎類別的類別與上一代的關係都是多型的（介面上的方法）。

另一個有趣的地方是這個原則與前一個原則之間的關係——當我們試著用不相容的新類別來擴展一個類別時將會失敗，因為它與使用方的合約會被破壞，所以無法做到這樣的繼承（或者為了可以繼承，你要破壞這個原則的另一方，修改應該“對修改封閉”的使用方，這是完全不可取且無法被接受的）。

按照 LSP 來仔細考慮新類別可協助我們正確地繼承階層結構。我們可以說，LSP 支持 OCP。

介面隔離

介面隔離原則（ISP）為之前談到的概念提出一個準則：介面必須是小型的。

以物件導向術語來說，**介面**代表物件公開的一組方法。也就是說，物件是以它可以接收或解釋的所有訊息構成它的介面，這個介面就是使用方可以請求的東西。介面可將類別公開的行為的定義與實作隔開。

在 Python 中，類別是用方法來私下定義介面。這是因為 Python 遵守所謂的**鴨子型態**原則。

傳統上，鴨子型態的概念是：所有的物件其實都是用它的方法，以及它能夠做什麼來表示的。這意味著無論類別的型態、名稱、docstring、類別屬性或實例屬性為何，最終定義物件本質的就是它擁有的方法。在類別裡面定義的方法（它知道的做法）是決定物件究竟是什麼的要素。稱為鴨子型態的原因來自這個概念“如果牠走路像鴨子，叫聲像鴨子，牠就是鴨子”。

長久以來，鴨子型態是 Python 定義介面唯一的方式。後來，Python 3（PEP-3119）加入抽象基礎類別的概念，可用不同的方式定義界面。抽象基礎類別的基本概念是它們定義了讓衍生的類別負責實作的基本行為或介面。這在我們想要確保重要的方法會被覆寫時很實用，它也可以當成一種覆寫或擴展方法功能的機制，例如 `isinstance()` 方法。

這個模組也有一些將某些型態加入類別階層的做法，稱為**虛擬子類別**。它的概念是加入一條新的規則來進一步擴展鴨子型態的概念——走路像鴨子、叫聲像鴨子，或者…牠承認牠就是鴨子。

知道 Python 如何解譯介面對理解這個原則與下一個原則來說非常重要。

從抽象的角度來說，這代表 ISP 指出，當我們定義一個有許多方法的介面時，最好拆成多個介面，讓每一個介面有較少的方法（最好只有一個）並擁有一個非常明確且準確的範圍。藉由將介面拆成最小的單位可提升程式重用性，想要實作其中一個介面的類別都極可能具備高度的內聚性，因為它有相當明確的行為與功能。

提供過多功能的介面

現在我們想要將來自許多資料來源的事件解析成不同的格式（例如 XML 與 JSON）。根據優良的做法，我們要依賴介面，而不是具體類別，所以設計出這個東西：

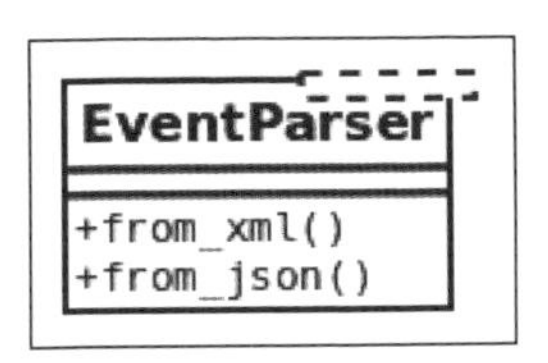

為了在 Python 用介面建立它，我們建立一個抽象基礎類別，並將方法（`from_xml()` 與 `from_json()`）定義成抽象的，讓繼承它的類別實作它們。繼承這個抽象基礎類別並且實作那些方法的事件可以處理它們對應的類型。

但是如果有特定的類別不需要 XML 方法，只想用 JSON 來建構呢？它仍然會從介面得到 `from_xml()` 方法，但因為不需要它，所以必須忽略它。這不太靈活，因為它產生耦合，並強迫介面的使用方使用不需要的方法。

介面越小越好

比較好的做法是將它分成兩個不同的介面，每一個介面有一個方法：

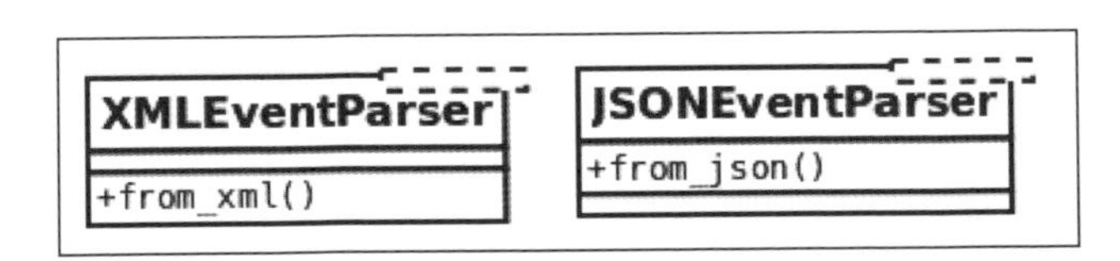

藉由這種設計，繼承 `XMLEventParser` 並實作 `from_xml()` 方法的物件可以知道如何用 XML 來建構，對於 JSON 檔案也是如此。但更重要的是，我們保持兩個獨立函式的正交性，並保留系統的靈活性而不失去任何功能——那些功能仍然可以藉由組合新的小型物件來完成。

它與 SRP 有點相似，但主要的差異在於這裡討論的是介面，所以它是行為的抽象定義。它沒有改變的理由，因為在實作介面之前，沒有任何東西存在。但是不遵守這條規則建立的介面會與正交功能耦合，且衍生的類別也會不遵守 SRP（它將會有多個改變的理由）。

介面應該多小？

上一節提出很好的觀點，但有一個要注意的地方——如果你誤解它或走極端的路線，可能會產生危險。

基礎類別（無論是不是抽象的）定義了一個讓所有繼承它的類別使用的介面。"讓介面越小越好" 這件事要從內聚性的角度來理解——它應該做一件事。這代表它必定有一個方法。在上面的範例中，這兩種方法剛好做完全無關的事情，因此將它們拆成不同的類別是合理的。

但是有時把多個方法放在同一個類別裡面才是正確的。假如你要提供一個 mixin 類別，將一些邏輯放到環境管理器，讓從那個 mixin 衍生的所有類別都可以免費取得環境管理器邏輯。我們知道環境管理器有兩個方法：`__enter__` 與 `__exit__`，它們必須同時存在，否則環境管理器是完全無效的！

不將這兩個方法放在同一個類別會做出壞的元件，它不但是沒用的，也有可能造成誤導。希望這個誇張的例子能平衡上一節的例子，讓讀者對介面的設計有更精準的理解。

依賴反轉

這是一種強大的概念，所以我們在**第九章，常見的設計模式**說明設計模式時，以及在**第十章，簡潔的結構**時還會討論它。

依賴反轉原則（DIP）是一種有趣的設計原則，根據這個原則，我們可以將程式與脆弱的、易變的或無法控制的東西隔開，以保護程式。依賴反轉的概念是：程式碼不應該配合細節或具體的實作，而是要用某種 API 反過來強迫任何實作或細節配合程式碼。

當我們建構抽象時，應該讓它們不依賴細節，反過來說——細節（具體實作）應該依賴抽象。

假如在設計中有兩個需要合作的物件，`A` 與 `B`，讓 `A` 與 `B` 的實例合作，但事實上，我們的模組無法直接控制 `B`（它可能是外部程式庫，或是由別的團隊維護的模組）。如果我們的程式重度依賴 `B`，當 `B` 改變時，我們的程式就會損壞。為了防止這一點，我們必須將依賴關係反轉：讓 `B` 必須配合 `A`。做法是提供一個介面，並讓我們的程式不依賴 `B` 的具體實作，而是依賴我們定義的介面。所以現在是 `B` 要負責遵守那個介面了。

按照前幾節說明的概念，介面（或 Python 的抽象基礎類別）也是一種抽象。

一般來說，我們認為具體實作的改變頻率比抽象元件高。正是如此，我們才要將抽象（介面）當成彈性點（flexibility point），希望在不改變抽象本身的情況下更改、修改或擴展系統。

剛性依賴的案例

事件監控系統的最後一個部分是將辨識出來的事件傳給資料收集器以便進一步分析。在實作這種功能時，不成熟的做法是用一個事件串流類別來與資料目標（例如 `Syslog`）互動：

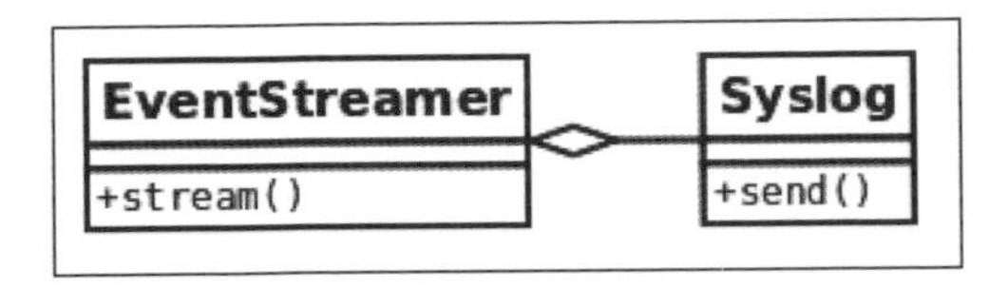

這種設計不好的地方是它讓一個高階類別（`EventStreamer`）依賴低階類別（`Syslog` 是個實作細節）。如果將資料傳給 `Syslog` 的方式改變了，`EventStreamer` 也必須修改。如果我們想要在執行期改變資料目標或加入新的資料目標也會遇到麻煩，因為我們會發現自己不斷修改 `stream()` 方法來適應這些需求。

將依賴關係反過來

解決這些問題的方法是讓 `EventStreamer` 使用介面，而不是具體的類別。如此一來，這個介面的實作就交給實作細節的底層類別決定了：

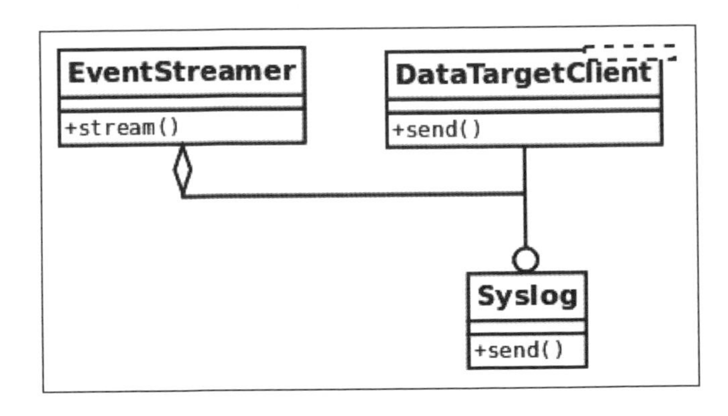

現在我們用一個介面來代表應將資料送到哪裡的通用資料目標。請注意，依賴關係反轉了，因為 `EventStreamer` 不依賴特定資料目標的具體實作，所以它不需要為了配合具體實作的改變而做出改變，且正確地實作介面以及在必要時做出改變是各個特定資料目標的責任。

換句話說，第一個版本的原始 `EventStreamer` 只能與 `Syslog` 型態的物件合作，十分僵硬。在第二個版本，它可以和“能夠回應 `.send()` 訊息，並且將這個方法視為必須遵守的介面”的任何物件合作。在這個版本中，`Syslog` 其實擴展了定義 `send()` 方法的抽象基礎類別 `DataTargetClient`。從今以後，擴展這個抽象基礎類別與實作 `send()` 方法就變成每一個新資料目標類型（例如 email）的責任了。

我們甚至可以在執行期為任何其他實作 `send()` 方法的物件修改這個特性，且它仍然可以運作。這就是它通常稱為依賴注入的原因：因為依賴項目可以動態提供。

渴求新知的讀者可能想知道為什麼依賴反轉是必要的。Python 很靈活（有時太過靈活了），可讓我們提供任何資料目標物件給 `EventStreamer` 這類的物件，且它不需要遵守任何介面，因為它是動態型態。問題在於：既然我們可以用 `send()` 方法傳送物件給它，為什麼還要定義抽象基礎類別（介面）？

平心而論，這個問題說得對，就算不這樣做，程式仍然可以運作。畢竟，多型不需要繼承就能工作。但是定義抽象基礎類有幾個優點，第一種好處就是鴨子型態。具備鴨子型態的模型更容易閱讀——還記得嗎？繼承是 **is a** 規則，所以藉由宣告抽象基礎類別並繼承它，我們可以傳達（舉例來說）`Syslog` 是 `DataTargetClient`，這是程式的讀者看得懂的東西（這同樣是鴨子型態）。

總之，定義抽象基礎類別不是必要的，但是為了實現更簡潔的設計，它是可取的做法。這就是本書的目的之一——協助程式員避免因為 Python 太靈活而犯下常見但可避免的錯誤。

結論

SOLID 是設計優秀的物件導向軟體的關鍵準則。

建構軟體是極度艱鉅的工作，因為程式碼的邏輯很複雜、它在執行期的行為（甚至可能有時）難以預測、需求與環境不斷變化，而且有很多事情可能出錯。

此外，你可能會用各種技術、模式與設計來建構軟體，它們可能要採取特定的合作方法來解決問題。但是隨著時間的流逝以及需求的改變或演進，這些方法到最後不一定是正確的。此時，試著挽救錯誤的設計可能為時已晚了，它太僵化、不靈活，因此難以改成正確的解決方案。

這意味著，錯誤的設計會讓以後的自己付出巨大的代價。那麼，我們該如何完成一個最終可帶來回報的優良設計？答案是我們無法確定。我們要面對未來，但未來是不確定的——我們無法判斷程式的設計在幾年之後是否正確，以及軟體以後是否夠靈活，可適應變遷。正是出於這些原因，我們才要堅持原則。

這就是 SOLID 原則發揮效用之處。它們不是神奇的規則（畢竟在軟體工程領域沒有銀子彈），但是在過往的專案中已經證明是良好的準則，能讓我們的軟體更有機會成功。

本章探討 SOLID 原則來瞭解簡潔的設計。在接下來幾章，我們要繼續探討這個語言的細節，並且用幾個案例來說明如何在遵守這些原則的同時使用語言的工具與功能。

參考文獻

以下是可參考的資訊：

- *SRP 01*：The Single Responsibility Principle（`https://8thlight.com/blog/uncle-bob/2014/05/08/SingleReponsibilityPrinciple.html`）
- *PEP-3119*：Introducing Abstract Base Classes（`https://www.python.org/dev/peps/pep-3119/`）
- *LISKOV 01*：Barbara Liskov 著作的論文，稱為 *Data Abstraction and Hierarchy*

5

使用裝飾器來改善程式

本章將討論裝飾器，看看它們如何以各種方式改善程式的設計。我們要先討論什麼是裝飾器，以及它們如何工作與實作。

接著回顧之前的章節介紹過的通用優良軟體設計方針的概念，看看裝飾器如何協助我們遵守這些原則。

本章的目標如下：

- 瞭解 Python 的裝飾器如何工作
- 實作應用在函式與類別的裝飾器
- 有效地實作裝飾器，避免常見的實作錯誤
- 分析如何用裝飾器避免程式碼重複（DRY 原則）
- 瞭解裝飾器如何支援“分離關注點”
- 分析良好的裝飾器案例
- 瞭解適合使用裝飾器的常見情況、典型寫法與模式

Python 的裝飾器是什麼？

裝飾器在很久之前就被加入 Python 了（PEP-318），這種機制是為了讓你在定義了函式與方法之後，可以用簡單的方式來修改並重新定義它們。

它最初的動機之一，就是因為有人用 `classmethod` 與 `staticmethod` 等函式來改變方法的原始定義，但這種做法需要用額外的一行程式來修改函式的原始定義。

更廣泛地說，每當我們想要轉換一個函式時，就必須用 modifier 函式呼叫它，接著將這個函式回傳的值重新指派給原始的函式名稱。

例如，如果我們有 original 函式，以及一個改變 original 的行為的函式，稱為 modifier，那就要這樣寫：

```
def original(...):
    ...
original = modifier(original)
```

請注意，改變這個函式並將它指派給同一個名稱的做法。這很容易造成混淆、錯誤（想像一下，如果有人忘了重新指派函式，或者不是在函式定義式下面重新指派，而是在很遠的地方），而且很繁瑣。因此，這個語言加入一些語法支援。

上面的範例可以改寫成這樣：

```
@modifier
def original(...):
    ...
```

裝飾器只是語法糖衣，當它被呼叫時，會將它後面的東西當成第一個參數，產生的結果就是裝飾器回傳的東西。

根據 Python 術語以及我們的範例，modifier 是所謂的裝飾器，original 是被裝飾的函式，通常稱為**被包裝（wrapped）**的物件。

雖然這個功能原本是為方法與函式設計的，但實際上這種語法可以裝飾任何一種物件，所以我們接下來要討論用於函式、方法、產生器與類別的裝飾器。

最後要注意的是，雖然裝飾器的名稱是正確的（畢竟，裝飾器確實是在 wrapped（被包裝的）函式上面進行修改、擴展或處理），但不要將它與裝飾器設計模式（decorator design pattern）混為一談。

裝飾函式

函式或許是可以被裝飾的物件之中最簡單的一種。我們可以對函式使用裝飾器來對它們套用各種邏輯，包括驗證參數、檢查先決條件、完全改變行為、修改它的簽章、快取結果（建立函式的記憶版本），以及做其他事情。

舉個例子，我們來建立一個實作 retry 機制的基本裝飾器，它會控制一種特定的例外，並重試某個次數：

```
# decorator_function_1.py
class ControlledException(Exception):
    """程式領域的通用例外。"""

def retry(operation):
    @wraps(operation)
    def wrapped(*args, **kwargs):
        last_raised = None
        RETRIES_LIMIT = 3
        for _ in range(RETRIES_LIMIT):
            try:
                return operation(*args, **kwargs)
            except ControlledException as e:
                logger.info("retrying %s", operation.__qualname__)
                last_raised = e
        raise last_raised
    return wrapped
```

你可以先忽略 @wraps，我會在**有效的裝飾器——避免常見錯誤**小節中討論它。在 for 迴圈中使用 _ 代表將數字指派給一個目前不感興趣的任意變數，因為在 for 迴圈裡面不會使用它（將 _ 視為忽略值是 Python 的習慣做法）。

retry 裝飾器未接收任何參數，所以可以輕鬆地套用到任何函式上，例如：

```
@retry
def run_operation(task):
    """執行特定工作，模擬例外造成的失敗情況。"""
    return task.run()
```

本章開頭解釋過，在 run_operation 上面的 @retry 只是 Python 提供的語法糖衣，它其實會執行 run_operation = retry(run_operation)。

在這個有限的範例中，我們可以看到如何用裝飾器來建立一個通用的 retry 動作，在某些情況下（在本例是與逾時有關的例外）可多次呼叫被裝飾的程式碼。

裝飾類別

類別也可以像函式一樣裝飾（PEP-3129）。唯一的差異在於，當你編寫這種裝飾器時，必須考慮收到的是類別而不是函式。

有些從業者或許會持反對意見，認為我們已經在類別中宣告一些屬性與方法了，用裝飾器在幕後執行變動可能會產生完全不同的類別，所以裝飾類別是很彆扭的做法，可能會讓程式難以閱讀。

這種看法沒錯，但是只有在這項技術被嚴重濫用時才會如此。客觀來看，裝飾類別與裝飾函式沒什麼差異，畢竟在 Python 生態系統中，類別只是另一種形式的物件，函式亦然。我們會在**裝飾器與分離關注點**小節回顧這個問題的利弊，現在先來看一下對類別套用裝飾器的好處有哪些：

- 重用程式碼與獲得 DRY 原則的所有好處。有效地使用類別裝飾器的案例包括強迫多個類別遵守某個介面或條件（只需要在（即將被套用到許多類別的）裝飾器裡面做一次檢查）
- 可以建立更小型或更簡單的類別，稍後再用裝飾器加強它們
- 與較複雜（且通常不鼓勵）的做法相較之下，例如詮釋類別（metaclass），使用裝飾器時，套用到類別的轉換邏輯比較容易維護

在裝飾器的所有應用中，我們要討論一個簡單的範例來說明它們可以處理的事項。請注意，類別裝飾器並非只能這樣運用，而且這些問題也有許多其他的解決方案，且那些方案有各自的優缺點，我們是為了講解裝飾器的實用性才使用它們。

回想一下監視平台事件系統，我們現在要轉換每一個事件的資料，並將它送到外部的系統。但是當我們選擇傳送資料的方式時，或許每一種事件都有特殊的做法。

例如，login 的 `event` 可能有想要藏起來的憑證等敏感資訊。`timestamp` 等欄位也可能因為要用特定格式來顯示而需要做某些轉換。為了滿足這些需求，我們要寫一個類別來對映各個 `event`，以及序列化它：

```
class LoginEventSerializer:
    def __init__(self, event):
        self.event = event

    def serialize(self) -> dict:
        return {
```

```
            "username": self.event.username,
            "password": "**redacted**",
            "ip": self.event.ip,
            "timestamp": self.event.timestamp.strftime("%Y-%m-%d
             %H:%M"),
        }

class LoginEvent:
    SERIALIZER = LoginEventSerializer

    def __init__(self, username, password, ip, timestamp):
        self.username = username
        self.password = password
        self.ip = ip
        self.timestamp = timestamp

    def serialize(self) -> dict:
        return self.SERIALIZER(self).serialize()
```

我們宣告一個直接處理 login 事件的類別，裡面有它需要的邏輯——隱藏 `password` 欄位，以及根據需求將 `timestamp` 格式化。

雖然這種做法有效，而且看起來是個不錯的起點，但經過一段時間後，當我們想要擴展系統時，就會出現一些問題：

- **過多類別**：隨著事件數量的增加，序列化類別的數量也會相應增加，因為它們是一對一對映的。
- **這種寫法不夠靈活**：如果我們需要重用部分的元件（例如在另一個也有 `password` 的 `event` 類型裡面隱藏密碼），就要將它放到另一個函式裡面，也要在多個類別重複呼叫它，代表最後重複使用的程式並不多。
- **Boilerplate**[譯註 1]：`serialize()` 方法必須出現在所有 `event` 類別裡面，它們都呼叫同樣的程式碼。雖然我們可以將它放在另一個類別內（建立一個 mixin），但這看起來沒有善用繼承。

另一種做法是動態地建構物件，當你傳送一組過濾器（轉換函式）與一個 `event` 實例給這個物件之後，它就可以將過濾器套用到它的各個欄位來將它序列化。接下來只要定義轉換各種欄位的函式，你就可以用這些函式組合 serializer 了。

譯註 1　在程式設計中，boilerplate code 或 boilerplate 指的是在許多地方重複出現，而且只被少量修改或完全相同的程式。通常它們被用來代表累贅的程式。

製作這個物件後，我們可以裝飾類別來加入 serialize() 方法，它會用它自己（self）來呼叫這些 Serialization 物件：

```
def hide_field(field) -> str:
    return "**redacted**"


def format_time(field_timestamp: datetime) -> str:
    return field_timestamp.strftime("%Y-%m-%d %H:%M")


def show_original(event_field):
    return event_field


class EventSerializer:
    def __init__(self, serialization_fields: dict) -> None:
        self.serialization_fields = serialization_fields

    def serialize(self, event) -> dict:
        return {
            field: transformation(getattr(event, field))
            for field, transformation in
            self.serialization_fields.items()
        }


class Serialization:
    def __init__(self, **transformations):
        self.serializer = EventSerializer(transformations)

    def __call__(self, event_class):
        def serialize_method(event_instance):
            return self.serializer.serialize(event_instance)
        event_class.serialize = serialize_method
        return event_class

@Serialization(
    username=show_original,
    password=hide_field,
    ip=show_original,
    timestamp=format_time,
)
```

```
class LoginEvent:

    def __init__(self, username, password, ip, timestamp):
        self.username = username
        self.password = password
        self.ip = ip
        self.timestamp = timestamp
```

請留意，裝飾器可讓使用方輕鬆地知道各個欄位將會被如何處理，因此不用查看另一個類別的程式碼。你只要看一下傳給類別裝飾器的引數就可以知道 `username` 與 IP 位址不會被修改，`password` 會被隱藏，而 `timestamp` 會被格式化。

現在類別的程式碼不需要定義 `serialize()` 方法，也不需要繼承實作它的 mixin，因為裝飾器會加入它。事實上，這是建立類別裝飾器唯一的理由，否則的話，`Serialization` 物件就是 `LoginEvent` 的類別屬性，但這樣就無法藉由加入新方法來修改類別了。

此外，我們也可以加入另一個類別裝飾器，只定義類別的屬性以及實作 `init` 方法的邏輯，不過本範例不討論它。這就是 `attrs`（ATTRS 01）這類程式庫的功能，Standard library 的（PEP-557）也提出類似的功能。

藉由使用這個來自 Python 3.7+（PEP-557）的類別裝飾器，我們可以把上面的範例寫得更紮實，不需要 `init` boilerplate：

```
from dataclasses import dataclass
from datetime import datetime

@Serialization(
    username=show_original,
    password=hide_field,
    ip=show_original,
    timestamp=format_time,
)
@dataclass
class LoginEvent:
    username: str
    password: str
    ip: str
    timestamp: datetime
```

其他類型的裝飾器

我們已經知道裝飾器的 @ 是什麼意思了，所以可以得到一個結論：並非只有函式、方法或類別可以裝飾，事實上，任何可定義的東西都可以裝飾，例如產生器、協同程序，甚至已經被裝飾的物件，這意味著裝飾是可以疊起來的。

前面範例說明了如何串接裝飾器。我們要先定義類別，接著對它套用 `@dataclass`，將它轉換成資料類別，成為這些屬性的容器。接著用 `@Serialization` 對那個類別套用邏輯，產生一個擁有新方法 `serialize()` 的新類別。

裝飾器另一個好用的地方是用在"應當成協同程序來使用的產生器"上。我們會在**第七章，使用產生器**更詳細的討論產生器與協同程序，它主要的概念在於，在你傳送任何資料給新建立的產生器之前，必須對產生器呼叫 `next()` 來移到下一個 `yield` 陳述式。每一位使用者都必須記得親手執行的這個程序，因此容易出錯。但我們可以建立一個裝飾器，用參數接收產生器，對它呼叫 `next()`，再回傳產生器。

傳遞引數給裝飾器

我們已經知道裝飾器是強大的 Python 工具了。但是如果我們可以只傳遞參數給它們來讓它們的邏輯更加抽象，功能會更強大。

製作可接收引數的裝飾器的方法很多種，接下來要介紹最常見的幾種。第一種是將裝飾器做成含有新的間接層的嵌套型函式，將裝飾器裡面的東西都往下移動一層。第二種做法是讓裝飾器使用類別。

一般來說，第二種做法比較容易閱讀，因為從物件的角度來思考比使用三個以上的嵌套函式（它們都使用 closure）容易。但是為了完整起見，我們要討論這兩種做法，讓讀者自行決定哪一種比較適合當下的問題。

使用嵌套函式的裝飾器

簡單來說，裝飾器的理念是建立回傳函式的函式（通常稱為較高階的函式）。在裝飾器內文中定義的內部函式是會被實際呼叫的那一個。

如果要傳遞參數給它，就需要另一個間接層。我們用第一層函式接收參數，在那個函式裡面定義一個新函式，它就是裝飾器，接著在裡面再定義另一個新函式，它就是這個裝飾程序回傳的結果。所以我們至少有三層嵌套的函式。

如果你還不清楚，沒關係。看了接下來的範例之後，你就會明白一切。

前面有一個裝飾器在一些函式上實作了 retry 功能。這是一種很好的做法，但有一個問題——我們無法指定重試的次數，只能使用在裝飾器裡面定義的固定次數。

現在我們希望能夠指定各個實例的重試次數，或許還要幫這個參數加上預設值。為了做這件事，我們要嵌入另一層函式——第一個函式負責處理參數，第二個函式處理裝飾器本身。

原因是我們要做出這種東西：

```
@retry(arg1, arg2,... )
```

它必須回傳一個裝飾器，因為 @ 語法會將計算的結果套用到被裝飾的物件上。就語義而言，它可以將某個東西轉換成這樣：

```
<original_function> = retry(arg1, arg2, ....)(<original_function>)
```

除了重試的次數之外，我們也可以指定想要控制的例外類型。這是支援新需求的新版程式：

```
RETRIES_LIMIT = 3


def with_retry(retries_limit=RETRIES_LIMIT, allowed_exceptions=None):
    allowed_exceptions = allowed_exceptions or (ControlledException,)

    def retry(operation):

        @wraps(operation)
        def wrapped(*args, **kwargs):
            last_raised = None
            for _ in range(retries_limit):
                try:
                    return operation(*args, **kwargs)
                except allowed_exceptions as e:
                    logger.info("retrying %s due to %s", operation, e)
                    last_raised = e
            raise last_raised

        return wrapped

    return retry
```

以下的範例展示如何對函式套用這個裝飾器，以及它可接收的各種選項：

```
# decorator_parametrized_1.py
@with_retry()
def run_operation(task):
    return task.run()


@with_retry(retries_limit=5)
def run_with_custom_retries_limit(task):
    return task.run()


@with_retry(allowed_exceptions=(AttributeError,))
def run_with_custom_exceptions(task):
    return task.run()


@with_retry(
    retries_limit=4, allowed_exceptions=(ZeroDivisionError, AttributeError)
)
def run_with_custom_parameters(task):
    return task.run()
```

裝飾器物件

上一個範例需要三層嵌套函式。第一個函式接收我們想要使用的裝飾器參數。在這個函式裡面，其餘的函式都是使用這些參數以及裝飾器邏輯的 closure。

比較簡潔的做法是用類別來定義裝飾器。此時，我們可以在 `__init__` 方法中傳遞參數，接著在魔術方法 `__call__` 實作裝飾器的邏輯。

裝飾器的程式類似以下範例：

```
class WithRetry:

    def __init__(self, retries_limit=RETRIES_LIMIT,
allowed_exceptions=None):
        self.retries_limit = retries_limit
        self.allowed_exceptions = allowed_exceptions or
(ControlledException,)
```

```
    def __call__(self, operation):

        @wraps(operation)
        def wrapped(*args, **kwargs):
            last_raised = None

            for _ in range(self.retries_limit):
                try:
                    return operation(*args, **kwargs)
                except self.allowed_exceptions as e:
                    logger.info(
                        "retrying %s due to %s", operation.__qualname__, e)
                    last_raised = e
            raise last_raised

        return wrapped
```

這個裝飾器的用法很像上一個：

```
@WithRetry(retries_limit=5)
def run_with_custom_retries_limit(task):
    return task.run()
```

請特別注意 Python 語法產生的效用。我們會先建立物件，因此在套用 @ 運算子之前，就傳遞參數來建立這個物件了。如同在 init 方法裡面的定義，這會建立一個新物件並用這些參數來將它初始化。之後呼叫 @ 操作，所以這個物件會包裝函式 run_with_custom_reries_limit，代表它會被傳給 call 魔術方法。

在 call 魔術方法裡面，我們像平常一樣定義裝飾器的邏輯 —— 包裝原始函式，回傳含有新邏輯的新函式。

裝飾器的正確用法

在這一節，我們要看一下裝飾器的使用模式，它們都是適合使用裝飾器的情況。

在可以使用裝飾器的無數案例中，我們只列舉少數幾個最常見或相關的：

- **轉換參數**：改變函式的簽章以公開更好的 API，同時在底層封裝如何處理與轉換參數的細節
- **追蹤程式碼**：以函式的參數來 log 它的執行
- **驗證參數**

- **實作重試操作**
- **將一些（重複的）邏輯移入裝飾器來簡化類別**

下一節將詳細討論前兩種應用。

轉換參數

之前提過，裝飾器可用來驗證參數（甚至在 DbC 的概念下，實施某些先決條件與後置條件），所以你或許已經知道，在處理或操作參數時，裝飾器是常用的工具。

具體來說，有時我們會重複製作類似的物件，或套用類似的轉換，我們希望將它們抽象化。多數情況下，我們都可以直接使用裝飾器做到。

追蹤程式碼

本節談的**追蹤（tracing）**指的是比較一般、與處理我們想要監視的函式執行有關的東西。它可能代表這些事情：

- 實際追蹤函式的執行（例如記錄它執行的程式行）
- 監視函式的統計數據（例如 CPU 的使用或記憶體佔用量）
- 測量函式的執行時間
- 當函式被呼叫時進行記錄，以及記錄它收到的參數

下一節會展示一個簡單的裝飾器範例，它的工作是記錄函式的執行，包括它的名稱以及執行所需的時間。

有效的裝飾器——避免常見錯誤

雖然裝飾器是一種很棒的 Python 功能，但是它被誤用時同樣會產生問題。本節要介紹一些建立裝飾器時應該避免的常見問題。

保留被包裝的原始物件的資料

對函式套用裝飾器時，最常見的問題之一就是沒有保存原始函式的特性或屬性，造成令人討厭的、難以追蹤的副作用。

為了說明這種情況，我們以這個在函式即將運行時負責記錄的裝飾器為例：

```
# decorator_wraps_1.py

def trace_decorator(function):
    def wrapped(*args, **kwargs):
        logger.info("running %s", function.__qualname__)
        return function(*args, **kwargs)

    return wrapped
```

當你將這個裝飾器套用到一個函式時，可能認為這個函式的原始定義不會被修改：

```
@trace_decorator
def process_account(account_id):
    """用 ID 處理帳號。"""
    logger.info("processing account %s", account_id)
    ...
```

其實可能會有一些修改。

裝飾器不應該改變原始函式的任何東西，但是因為它有一些缺陷，所以它會修改函式的名稱與 docstring，以及其他特性。

我們試著從這個函式取得 help（幫助）：

```
>>> help(process_account)
Help on function wrapped in module decorator_wraps_1:

wrapped(*args, **kwargs)
```

接著檢查它是如何被呼叫的：

```
>>> process_account.__qualname__
'trace_decorator.<locals>.wrapped'
```

因為這個裝飾器實際上會將原始函式變成新的（稱為 wrapped），所以我們看到的是這個函式的特性，而不是原始函式的。

如果我們將這種裝飾器套用到多個名稱不同的函式，最後它們全部都會稱為 wrapped，這是個大問題（例如，如果你想要記錄或追蹤函式，這會讓你難以除錯）。

另一個問題在於，如果我們在這些函式中放入測試 docstring，它們會被裝飾器覆蓋。因此，當我們用 doctest 模組（在**第一章，簡介、程式碼格式與工具**介紹過）呼叫程式碼時，測試 docstring 將無法執行。

不過修正它很簡單，只要在內部函式（wrapped）套用 wraps 裝飾器，告訴它“它實際上包裝的是 function”就可以了：

```
# decorator_wraps_2.py
def trace_decorator(function):
    @wraps(function)
    def wrapped(*args, **kwargs):
        logger.info("running %s", function.__qualname__)
        return function(*args, **kwargs)

    return wrapped
```

現在檢查特性時，會得到最初期望的結果。對函式執行 help：

```
>>> Help on function process_account in module decorator_wraps_2:

process_account(account_id)
    Process an account by Id.
```

並確認它的名稱是否正確：

```
>>> process_account.__qualname__
'process_account'
```

最重要的是，我們恢復原本該有的 docstring 單元測試了！藉由使用 wraps 裝飾器，我們也可以在 __wrapped__ 屬性底下使用原始未修改的函式。雖然你不應該在成品中採取這種用法，但是這種用法在你用單元測試檢查未修改的函式版本時很方便。

一般來說，對簡單的裝飾器而言，我們使用 functools.wraps 的方式通常會遵循一般的公式或結構：

```
def decorator(original_function):
    @wraps(original_function)
    def decorated_function(*args, **kwargs):
        # 裝飾器做的修改 ...
        return original_function(*args, **kwargs)

    return decorated_function
```

在建立裝飾器時，一定要對被包裝的函式套用 functools.wraps，如同上面的公式。

在裝飾器裡面處理副作用

本節將說明在裝飾器的內文避免副作用是可以做到的。雖然副作用在某些情況下是可接受的，但最重要的是，如果你有疑問，就根據前面解釋的理由做出決定。除了裝飾器裝飾的函式之外，裝飾器要執行的任何工作都應該放在最裡面的函式定義裡，否則會在導入時產生一些問題。

然而，有時這些副作用是需要（甚至希望）在導入時執行的，反之亦然。

接下來你會看到兩個範例，以及它們應該用在何處。如果你不知道該怎麼做，寧可採取謹慎的做法，把所有副作用都推遲到最後，也就是在 wrapped 函式被呼叫之後。

接下來，我們要看將額外的邏輯放在 wrapped 函式外面的時機。

在裝飾器裡面錯誤地處理副作用

想像一下，如果你建立裝飾器的目的是為了在函式開始執行時進行記錄，接著記錄它的運行時間：

```
def traced_function_wrong(function):
    logger.info("started execution of %s", function)
    start_time = time.time()

    @functools.wraps(function)
    def wrapped(*args, **kwargs):
        result = function(*args, **kwargs)
        logger.info(
            "function %s took %.2fs",
            function,
            timc.time() - start_time
        )
        return result
    return wrapped
```

現在我們將這個裝飾器套用到一般的函式，認為它可正常運作：

```
@traced_function_wrong
def process_with_delay(callback, delay=0):
    time.sleep(delay)
    return callback()
```

這個裝飾器裡面有一個很微妙但很嚴重的 bug。

我們先匯入函式、呼叫它幾次，看看會發生什麼事情：

```
>>> from decorator_side_effects_1 import process_with_delay
INFO:started execution of <function process_with_delay at 0x...>
```

我們只不過匯入函式就看到不對勁的地方了。紀錄訊息不應該出現，因為函式未被呼叫。

如果我們執行函式，看看它花多久時間執行又會發生什麼事？實際上，我們認為多次呼叫同一個函式會得到類似的結果：

```
>>> main()
...
INFO:function <function process_with_delay at 0x> took 8.67s

>>> main()
...
INFO:function <function process_with_delay at 0x> took 13.39s

>>> main()
...
INFO:function <function process_with_delay at 0x> took 17.01s
```

每當我們執行同一個函式時，它就花更多時間！此時，你可能已經發現（現在很明顯的）錯誤了。

還記得裝飾器的語法嗎？ `@traced_function_wrong` 其實代表：

```
process_with_delay = traced_function_wrong(process_with_delay)
```

而且它會在模組被匯入時執行。因此，在函式中設定的時間是模組被匯入的時間。連續呼叫函式會計算從原始的開始時間到運行時間的時間差。它也是在錯誤的時刻記錄的，不是在函式被呼叫時。

幸運的是，修改它也很簡單——只要將程式移到 wrapped 函式裡面來延遲它的執行就可以了：

```
def traced_function(function):
    @functools.wraps(function)
    def wrapped(*args, **kwargs):
        logger.info("started execution of %s", function.__qualname__)
        start_time = time.time()
        result = function(*args, **kwargs)
        logger.info(
            "function %s took %.2fs",
            function.__qualname__,
            time.time() - start_time
        )
        return result
    return wrapped
```

這個新版本可解決之前的問題。

如果裝飾器的動作不同，結果可能會更糟糕。例如，如果你需要記錄事件並將它們送給一個外部的服務就絕對會失敗，除非你在匯入之前已正確執行組態，但這是無法保證做到的。就算可以，也不是好的做法。如果裝飾器有任何其他類型的副作用也是如此，例如讀取檔案、解析組態等等。

讓裝飾器有副作用

有時裝飾器的副作用是必要的，而且除非到了最後的時刻，否則不應該延遲它們的執行，因為它是讓機制正常運作的一部分。

有一種不希望延遲裝飾器副作用的情況是當我們需要將物件註冊到公用的註冊表來讓模組使用時。

例如，回到之前的 event 系統範例，我們只想要讓模組使用一些事件，而不是全部的。在事件的階層結構中，我們可能想要加入一些中間類別，這些中間類別不是我們要在系統中處理的事件，它們的衍生類別才是。

我們可以用裝飾器來明確地註冊每一個類別，而不是根據每個類別會不會被處理來標記它們。

我們有一個類別可供“與使用者的動作有關”的所有事件使用。但是它只是個中間表格，儲存我們真正想要的事件類型，也就是 UserLoginEvent 與 UserLogoutEvent：

```
EVENTS_REGISTRY = {}


def register_event(event_cls):
    """將事件的類別放入註冊表，
    讓它可在模組中
    使用。
    """
    EVENTS_REGISTRY[event_cls.__name__] = event_cls
    return event_cls


class Event:
    """基礎事件物件"""


class UserEvent:
    TYPE = "user"


@register_event
class UserLoginEvent(UserEvent):
    """代表使用者剛進入系統的
事件。"""


@register_event
class UserLogoutEvent(UserEvent):
    """在使用者離開系統時觸發的事件。"""
```

在上面的程式中，EVENTS_REGISTRY 看起來是空的，但是從這個模組匯入一些東西之後，它會被填入 register_event 裝飾器底下的所有類別：

```
>>> from decorator_side_effects_2 import EVENTS_REGISTRY
>>> EVENTS_REGISTRY
{'UserLoginEvent': decorator_side_effects_2.UserLoginEvent,
 'UserLogoutEvent': decorator_side_effects_2.UserLogoutEvent}
```

這很難閱讀，甚至容易產生誤導，因為 EVENTS_REGISTRY 在執行期才有它的最終值（在匯入模組之後），而且我們無法光靠著閱讀程式來預測它的值。

話雖如此，在某些情況下它卻是好的模式。事實上，許多網路框架或著名的程式庫都用它來製作或公開物件，或讓人使用它們。

而且在這個案例中，裝飾器不會改變 wrapped 物件，也不會修改它運作的方式。但是這裡的重點在於，如果我們要做一些修改，或定義一個修改 wrapped 物件的內部函式，我們應該仍然想將註冊結果物件的程式放在它外面。

留意**外面**這個字眼。它不一定代表“之前”，而是指不屬於同一個 closure；但它在外部範圍之內，所以在執行期之前都不會延遲。

建立必定有效的裝飾器

裝飾器可在許多不同的情況下使用，我們可能也會對各種情況之下的物件使用同一個裝飾器，例如，我們想要重用裝飾器，或將它套用到函式、類別、方法或靜態方法。

如果我們在編寫裝飾器時只支援第一種想要裝飾的物件類型，可能會發現同一個裝飾器無法良好地套用在其他類型的物件上。典型的例子是你建立了一個處理函式的裝飾器，之後想要將它套用到類別的方法時才發現不適用。當你為方法設計裝飾器，後來希望它也可以用於靜態方法或類別方法時，可能也會發生類似的情況。

在設計裝飾器時，我們通常想要重用程式碼，希望這個裝飾器也可以用在函式與方法上。

用 *args 與 **kwargs 定義裝飾器的簽章可讓它在任何類別中運作，因為它是最通用的簽章類型。但是有時我們不想要使用它們，而是根據原始函式的簽章來定義包裝它的裝飾器，主要原因有兩個：

- 因為它類似原始的函式，所以比較易讀。
- 它其實需要用引數做事，所以接收 *args 與 **kwargs 不方便。

假設我們的基礎程式裡面有許多函式需要使用一個以參數來建立的物件。例如，我們會傳遞一個字串，用它來初始化一個驅動物件，並且重複做這件事。後來，我們覺得應該可以用裝飾器來視情況轉換這個參數，以減少重複的程式。

在下一個範例中，假設 DBDriver 是一個知道如何連接資料庫並操作它的物件，但需要接收一個連結字串。我們的方法可以接收一個代表資料庫資訊的字串，並且建立一個 DBDriver 實例。我們要讓裝飾器自動執行這個轉換——函式繼續接收字串，但裝飾器會建立一個 DBDriver 並將它傳給函式，所以在內部，我們可以假設能夠直接接收到我們需要的物件。

下面是在函式中使用它的範例：

```
import logging
from functools import wraps

logger = logging.getLogger(__name__)


class DBDriver:
    def __init__(self, dbstring):
        self.dbstring = dbstring

    def execute(self, query):
        return f"query {query} at {self.dbstring}"


def inject_db_driver(function):
    """這個裝飾器會用資料庫 dsn 字串
    建立一個 ``DBDriver`` 實例來轉換參數。
    """
    @wraps(function)
    def wrapped(dbstring):
        return function(DBDriver(dbstring))
    return wrapped


@inject_db_driver
def run_query(driver):
    return driver.execute("test_function")
```

我們可以輕鬆地確定是否已經傳遞字串給函式，我們可以取得 DBDriver 實例產生的結果，代表這個裝飾器按照預期地工作：

```
>>> run_query("test_OK")
'query test_function at test_OK'
```

但是現在我們想要在類別方法中重用同一個裝飾器，此時出現同樣的問題：

```
class DataHandler:
    @inject_db_driver
    def run_query(self, driver):
        return driver.execute(self.__class__.__name__)
```

我們試著使用這個裝飾器，這只是確定它確實無效：

```
>>> DataHandler().run_query("test_fails")
Traceback (most recent call last):
  ...
TypeError: wrapped() takes 1 positional argument but 2 were given
```

問題出在哪裡？

類別裡面的方法用了一個額外的引數來定義——self。

方法只不過是在第一個參數接收 self（定義它們的物件）的特殊函式。

因此，裝飾器（設計上只使用一個參數，dbstring）會將那個 self 視為所謂的參數，並且呼叫在 self 的位置傳遞字串、在第二個參數（也就是我們傳遞的字串）不傳遞任何東西的方法。

我們要建立一個讓方法與函式都可以使用的裝飾器來修正這個問題，做法是將它定義成裝飾器物件，並讓它實作協定描述器（protocol descriptor）。

第七章，使用產生器會完整解釋描述器，現在先將它當成可讓裝飾器生效的配方就可以了。

我們的解決方案是將裝飾器做成類別物件，並藉由實作 __get__ 方法來讓這個物件成為描述（description）。

```
from functools import wraps
from types import MethodType


class inject_db_driver:
    """將字串轉換成 DBDriver 實例，
       並將 this 傳給被包裝的函式。"""

    def __init__(self, function):
```

```
        self.function = function
        wraps(self.function)(self)

    def __call__(self, dbstring):
        return self.function(DBDriver(dbstring))

    def __get__(self, instance, owner):
        if instance is None:
            return self
        return self.__class__(MethodType(self.function, instance))
```

第六章，藉由描述器來充分使用物件才會詳細說明描述器，但是我們可以從這個例子知道，它的工作其實是為它裝飾的可呼叫物重新綁定一個方法，這意味著它將函式指派給物件，接著用新的可呼叫物重新建立裝飾器。

它仍然可以用在函式上，因為它完全不會呼叫 `__get__` 方法。

用裝飾器來遵守 DRY 原則

我們已經知道裝飾器可將一些邏輯抽象至單獨的元件內。這樣做的好處主要在於我們可以將裝飾器多次套用到不同的物件，以重用程式碼。因為我們只定義一次特定的知識，即遵守 **Don't Repeat Yourself（DRY）**原則。

上一節的 `retry` 機制是說明“裝飾器可被套用多次來重用程式碼”的好範例。我們在那裡建立了一個裝飾器，並多次套用它，而不是在各個函式加入它自己的 `retry` 邏輯。當我們確定裝飾器可以同時套用到方法與函式時，這是合理的效果。

定義“事件如何表現”的類別裝飾器也符合 DRY 原則，因為它幫“將事件序列化的邏輯”定義一個專屬的地方，避免將重複的程式碼分散到不同的類別。因為我們重用這個裝飾器並將它套用到許多類別，所以開發它付出的精力（與它的複雜度）可獲得回報。

當你試著使用裝飾器來重用程式碼時，還要記得一件事——你必須絕對確定這種做法可以節省程式碼。

任何裝飾器（尤其是沒有仔細設計的）都會在程式中加入另一個間接層，讓程式更複雜。但程式的讀者可以按照裝飾器的路徑來完全瞭解函式的邏輯（雖然接下來的章節會處理這些考量），所以請記得，這種複雜性必須帶來收獲。但是如果裝飾器無法產生太大的重用效果，就不要使用它，寧可採取較簡單的做法（可能直接用一個分開的函式，或另一個小類別就夠了）。

但我們如何知道重用的程度多大呢？有沒有規則可以協助決定何時該將既有的程式放到裝飾器裡面？ Python 的裝飾器沒有具體的規則，但我們可以採取軟體工程的通用經驗法則（GLASS 01），它說：當一個元件至少被使用三次時，你才要考慮建立通用的抽象，讓該元件可重複使用。同一份參考文獻（GLASS 01）也指出，建立可重複使用的元件比建立簡單的元件困難三倍（建議你閱讀 *Facts and Fallacies of Software Engineering*，它是很棒的文獻）。

藉由裝飾器來重複使用程式確實可行，但你要考慮下列的事項：

- 不要在一開始就重頭開始建立裝飾器。等到模式開始出現，且裝飾器的抽象開始變得清晰時才進行重構。
- 在實作裝飾器之前，你要確定這個裝飾器會被套用多次（至少三次）。
- 盡量減少裝飾器裡面的程式量。

裝飾器與分離關注點

上述清單的最後一點太重要了，所以值得用一節專門討論它。我們已經討論重用程式碼的概念，也知道重用程式碼的關鍵之一就是讓元件具備內聚性。也就是說，元件應該有最少的功能——只做一件事，並且把它做好。元件越小就越具重用性，它們就可以在各種環境下使用，不會帶著額外的行為，產生程式的耦合與依賴，造成軟體的僵化。

為了讓你知道我的意思，我們再來看一下前面範例用過的裝飾器。我們建立的裝飾器可用類似下列的程式來追蹤某些函式的執行：

```
def traced_function(function):
    @functools.wraps(function)

    def wrapped(*args, **kwargs):
        logger.info("started execution of %s", function.__qualname__)
        start_time = time.time()
        result = function(*args, **kwargs)
        logger.info(
            "function %s took %.2fs",
            function.__qualname__,
            time.time() - start_time
        )
        return result
    return wrapped
```

雖然這個裝飾器可以動作，但有一個問題存在——它做的事情超過一個。它記錄了剛剛有個函式被呼叫，也記錄了它花多久時間執行。每當我們使用這個裝飾器時，就得負擔兩項功能，就算只想要使用其中一個。

你應該將它拆成更小的裝飾器，讓每一個裝飾器負責更具體且更有限的功能：

```
def log_execution(function):
    @wraps(function)
    def wrapped(*args, **kwargs):
        logger.info("started execution of %s", function.__qualname__)
        return function(*kwargs, **kwargs)
    return wrapped


def measure_time(function):
 @wraps(function)
 def wrapped(*args, **kwargs):
 start_time = time.time()
 result = function(*args, **kwargs)

 logger.info("function %s took %.2f", function.__qualname__,
 time.time() - start_time)
 return result
 return wrapped
```

現在只要結合它們就可以做出同樣的功能了：

```
@measure_time
@log_execution
def operation():
    ....
```

請留意，裝飾器的使用順序也很重要。

不要在一個裝飾器裡面放入多個功能。SRP 也適用於裝飾器。

分析優良的裝飾器

在本章的結尾，我們要看一些優良的裝飾器案例，以及 Python 本身和熱門的程式庫如何使用它們，本節的目的是為了讓你掌握優良裝飾器的建構準則。

在介紹範例之前，我們先瞭解一下良好的裝飾器應有的特徵：

- **封裝，或分離關注點**：良好的裝飾器應該將它具備的功能以及它裝飾的功能有效地分開。它不能是滲漏的抽象（leaky abstraction），也就是說，裝飾器的使用方只需要在黑箱模式下呼叫它，不需要知道它究竟如何實作邏輯。
- **正交性**：裝飾器做的事情應該是獨立的，並且與它裝飾的物件盡量不耦合。
- **重用性**：裝飾器最好可以套用到多種型態，而不是只能用在一個函式的實例上，因為若是如此，代表你也可以直接用一個函式來取代它。它必須夠通用。

Celery 專案裡面有一個很好的裝飾器案例，它定義 task 的做法是對一個函式套用來自 app 的 task 裝飾器：

```
@app.task
def mytask():
    ....
```

它是好的裝飾器的原因之一是它做了一件很棒的事情——封裝。只要程式庫的使用者定義函式的內文，裝飾器就可以自動將它轉換成一項工作（task）。"@app.task" 裝飾器肯定包裝了許多邏輯與程式碼，但是它們都與 "mytask()" 的內文沒有任何關係。它完全符合“封裝且分離關注點”——你不需要瞭解這個裝飾器做了些什麼，所以它是沒有洩露任何細節的正確抽象。

你可以在網路框架中找到（Pyramid、Flask、Sanic 等等，族繁不及備載）另一種常見的裝飾器用法，它們用裝飾器將 view 處理程式註冊至 URL：

```
@route("/", method=["GET"])
def view_handler(request):
 ...
```

這種裝飾器的重點與之前一樣，它們也提供完全封裝，因為網路框架的使用者不太需要（可能根本不需要）知道 "@route" 裝飾器做什麼事情。我們知道這個例子的裝飾器做了更多事情，例如將這些函式註冊到 URL 的對映程式，以及改變原始函式的簽章來提供更好的介面，以接收已設置了所有資訊的請求物件。

上面的兩個範例已經足以讓我們注意一些與裝飾器的用法有關的事項了。它們遵守 API。這些框架程式庫透過裝飾器來公開功能給使用者，所以裝飾器是定義簡潔程式介面的好方法。

這或許是看待裝飾器的最佳方式。如同範例中的類別裝飾器可告訴我們事件的屬性將會被如何處理，良好的裝飾器應該提供一個簡潔的介面，讓程式的使用者知道可從裝飾器得到什麼，且不需要知道它如何運作或其他的任何細節。

結論

裝飾器是一種強大的 Python 工具，可套用在許多東西上，例如類別、方法、函式、產生器等等。我們已經知道如何以各種方式、針對各種目的建立裝飾器，並在過程中得到一些結論。

為函式建立裝飾器時，試著讓它的簽章符合被裝飾的原始函式。不要使用通用的 `*args` 與 `**kwargs`，而是讓簽章符合原始函式，如此一來，它會更容易閱讀與維護，也更接近原始函式，讓程式的讀者感覺更熟悉。

裝飾器是協助重用程式碼與遵守 DRY 原則的好工具。但是它們的實用性是需要付出代價的，如果你沒有廣泛地使用它們，它們的複雜性將會讓效果弊大於利。因此，我們強調當裝飾器會被使用多次（三次以上）時再製作它。與 DRY 原則一樣，我們也要注意分離關注點的概念，讓裝飾器越小越好。

裝飾器另一個很棒的用途是建立更簡潔的介面，例如將類別的部分邏輯抽到裝飾器裡面來簡化類別的定義。裝飾器也可以提供資訊告知使用者特定元件將會做什麼事情（但不告知怎麼做（即封裝））來協助改善可讀性。

下一章將介紹 Python 的另一種進階功能——描述器。具體來說，你會知道為什麼描述器可以協助建立更好的裝飾器。我們也會處理一些本章的問題。

參考文獻

以下是你可以參考的資訊：

- *PEP-318*：Decorators for Functions and Methods（https://www.python.org/dev/peps/pep-0318/）
- *PEP-3129*：Class Decorators（https://www.python.org/dev/peps/pep-3129/）
- *WRAPT 01*：https://pypi.org/project/wrapt/
- *WRAPT 02*：https://wrapt.readthedocs.io/en/latest/decorators.html#universal-decorators
- *The Functools module*：Python 標準程式庫的 functools 模組內的 wraps 函式（https://docs.python.org/3/library/functools.html#functools.wraps)
- *ATTRS 01*：attrs 程式庫（https://pypi.org/project/attrs/）
- *PEP-557*：Data Classes（https://www.python.org/dev/peps/pep-0557/）
- *GLASS 01*：Robert L. Glass 著作的書籍 *Facts and Fallacies of Software Engineering*

6

藉由描述器來充分使用物件

本章將介紹高級的 Python 開發新概念，因為它使用描述器。其他語言的使用者並不認識描述器，所以無法用比喻的方式說明。

描述器是 Python 帶領物件導向程式設計到達另一個層次的獨有特性，它們可讓使用者建立更強大且更容易重用的抽象。多數情況下，你可以在程式庫或框架看到描述器的所有潛力。

本章將介紹這些關於描述器的內容：

- 說明描述器是什麼、它們如何運作，以及如何有效地實作它們
- 根據概念上的差異與實作細節來分析兩種類型的描述器（資料與非資料描述器）
- 透過描述器有效重用程式碼
- 分析善用描述器的案例，以及如何讓我們的 API 程式庫使用它們

初會描述器

首先，我們要討論描述器背後的主要理念，以瞭解它們的機制與內部運作方式。如此一來，你將更容易瞭解各種描述器如何工作，我們會在下一節探討它們。

初步瞭解描述器背後的概念之後，我們將會看一個案例，它用描述器做出更簡潔且更符合 Python 風格的作品。

描述器背後的機制

描述器的工作方式並沒有那麼複雜，主要的問題在於它有太多需要考慮的地方了，所以實作的細節至關重要。

為了實作描述器，我們至少需要兩個類別。舉一個通用的例子，我們把實作描述器邏輯的類別稱為 `descriptor`，把準備使用 `descriptor` 功能的類別稱為 `client`（這個類別通常只是領域模型，是我們為解決方案建立的一般抽象）。

因此，描述器只是個實作了描述器協定的類別實例物件。這意味著這個類別必須讓它的介面含有以下的魔術方法之一（Python 3.6+ 的描述器協定的一部分）：

- `__get__`
- `__set__`
- `__delete__`
- `__set_name__`

我們使用以下的名稱來介紹這個高階的案例：

名稱	意義
`ClientClass`	將會使用描述器實作的功能的領域層抽象。這個類別是描述器的使用方。 這個類別有一個類別屬性（按照名稱規範稱為 `descriptor`），它是 `DescriptorClass` 的實例。
`DescriptorClass`	這個類別實作了 `descriptor` 本身。這個類別要實作上述的描述器協定規定的魔術方法。
`client`	`ClientClass` 的實例。 `client = ClientClass()`
`descriptor`	`DescriptorClass` 的實例。 `descriptor = DescriptorClass()` 這個物件是 `ClientClass` 的類別屬性。

下圖是它們的關係：

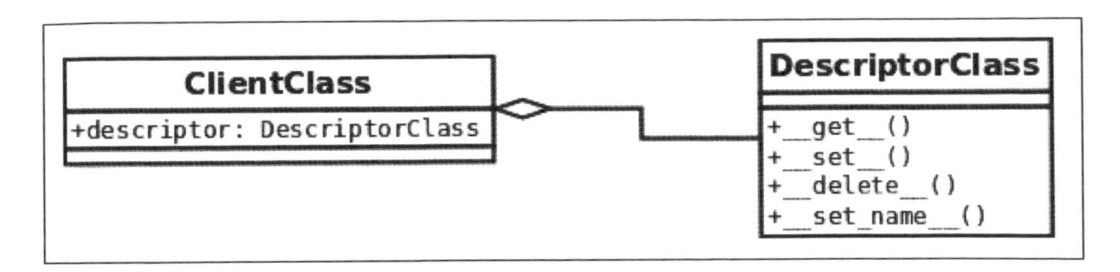

為了讓這個協定生效，你要記住一個重點：descriptor 物件必須定義成類別屬性。將這個物件做成實例屬性是無效的，所以它必須放在類別裡面，而不是在 init 方法裡面。

永遠將 descriptor 物件設為類別屬性！

我們也可以只實作部分的描述器協定——不一定要定義所有方法，這個部分以後會再介紹。

因此，我們現在有一個結構可以使用了——我們已經知道有哪些元素，以及它們如何互動。我們需要 descriptor 的類別，另一個即將使用 descriptor 邏輯的類別，而這個類別有個作為類別屬性的 descriptor 物件（DescriptorClass 的實例），以及 ClientClass 的實例，當我們呼叫 descriptor 屬性時，它們將會遵守描述器協定。但接下來呢？它們在執行期是如何工作的？

當我們存取一般類別的屬性時，通常只會按照預期的樣子取得物件，甚至它們的特性，例如：

```
>>> class Attribute:
...     value = 42
...
>>> class Client:
...     attribute = Attribute()
...
>>> Client().attribute
<__main__.Attribute object at 0x7ff37ea90940>
>>> Client().attribute.value
42
```

但是描述器的情況有些不同。如果有個物件被定義成類別屬性（而且它是 descriptor），當 client 索取這個屬性時，得到的不是物件本身（像上面的例子那樣），而是得到呼叫 __get__ 魔術方法的結果。

先看一個簡單的程式，它只會 log 與環境有關的資訊，並回傳同一個 client 物件：

```
class DescriptorClass:
    def __get__(self, instance, owner):
        if instance is None:
            return self
        logger.info("Call: %s.__get__(%r, %r)",
        self.__class__.__name__,instance, owner)
        return instance


class ClientClass:
    descriptor = DescriptorClass()
```

當你執行這段程式並索取 ClientClass 的實例的 descriptor 屬性時，不會得到 DescriptorClass 的實例，而是它的 __get__() 方法回傳的東西：

```
>>> client = ClientClass()
>>> client.descriptor
INFO:Call: DescriptorClass.__get__(<ClientClass object at 0x...>, <class
'ClientClass'>)
<ClientClass object at 0x...>
>>> client.descriptor is client
INFO:Call: DescriptorClass.__get__(ClientClass object at 0x...>, <class
'ClientClass'>)
True
```

請注意它如何呼叫 __get__ 方法下面的 log 程式，而非只是回傳我們建立的物件。在這個例子中，我們讓那個方法回傳 client 本身，所以比較式的結果是 True。我們會在接下來幾節討論各種方法時，更詳細地說明這個方法的參數。

從這個簡單但具代表性的案例開始，我們要建立更複雜的抽象與更好的裝飾器，因為重點是我們有一個新的（強力）工具可以使用了。請注意它如何完全改變程式的控制流程。藉由使用這項工具，我們可以將 __get__ 方法背後的各種邏輯抽象化，並且讓 descriptor 在使用方不需注意的情況下透明地執行各種轉換，將封裝帶到新的境界。

描述器協定的各種方法

我們已經看了描述器的執行案例，並且知道它們如何工作了。這個範例讓我們初步瞭解描述器的威力，但是你可能想知道一些實作細節與習慣寫法。

因為描述器只是個物件，所以這些方法的第一個參數是 self，對它們而言，它代表 descriptor 物件本身。

本節將詳細討論描述器協定的各個方法，解釋每一個參數的含義及用途。

__get__(self, instance, owner)

第一個參數 instance 代表呼叫 descriptor 的物件。在第一個範例中，它代表 client 物件。

owner 參數是那個物件類別的參考，在範例中（見**描述器背後的機制**小節的那張類別圖），它是 ClientClass。

從上一段說明可以得到一個結論：在 __get__ 簽章裡面的 instance 參數是描述器要處理的物件，而 owner 是 instance 的類別。有求知慾的讀者可能想知道為什麼要這樣定義簽章，畢竟類別可以直接用 instance 取得（owner = instance.__class__）。因為有時有極端的情況——當 descriptor 是從類別（ClientClass）呼叫的，而不是從實例（client）時，instance 的值就是 None，但此時我們可能仍然想要處理一些事情。

下面這個簡單的程式展示從類別與從實例呼叫描述器的差異。在這個例子中，__get__ 方法在這兩種不同的情況下做兩件不同的事情。

```
# descriptors_methods_1.py

class DescriptorClass:
    def __get__(self, instance, owner):
        if instance is None:
            return f"{self.__class__.__name__}.{owner.__name__}"
        return f"value for {instance}"


class ClientClass:

    descriptor = DescriptorClass()
```

當我們直接從 ClientClass 呼叫它時，它會結合命名空間與類別名稱：

```
>>> ClientClass.descriptor
'DescriptorClass.ClientClass'
```

當我們從已被建立的物件呼叫它時，它會回傳另一個訊息：

```
>>> ClientClass().descriptor
'value for <descriptors_methods_1.ClientClass object at 0x...>'
```

一般來說，除非我們真的需要用 owner 參數做事，否則當 instance is None 時，最常見的做法是直接回傳描述器本身。

__set__(self, instance, value)

當我們試著指派某些東西給 descriptor 時就會呼叫這個方法。它是藉由下面這種陳述式啟動的，其中 descriptor 是個實作了 __set__ () 的物件。在這個例子中，instance 參數是 client，而 value 是 "value" 字串：

```
client.descriptor = "value"
```

如果 client.descriptor 沒有實作 __set__()，則 "value" 會完全覆寫 descriptor。

當你指派一個值給本身是個描述器的屬性時要很小心。請確保它實作了 __set__ 方法，以及不會造成不想見到的副作用。

在預設情況下，這個方法最常見的用法是在物件中儲存資料。我們已經知道描述器的威力多麼強大了，所以可以好好利用它們，舉例來說，我們可以建立可到處套用的通用驗證物件（這是沒有做抽象化時會在特性的 setter 方法重複做很多次的事情）。

下面的程式說明如何利用這個方法來為屬性建立通用的 validation 物件，它可以用函式來動態建立，可用來驗證值，再將它們指派給物件。

```
class Validation:

    def __init__(self, validation_function, error_msg: str):
        self.validation_function = validation_function
        self.error_msg = error_msg
```

```
    def __call__(self, value):
        if not self.validation_function(value):
            raise ValueError(f"{value!r} {self.error_msg}")


class Field:

    def __init__(self, *validations):
        self._name = None
        self.validations = validations

    def __set_name__(self, owner, name):
        self._name = name

    def __get__(self, instance, owner):
        if instance is None:
            return self
        return instance.__dict__[self._name]

    def validate(self, value):
        for validation in self.validations:
            validation(value)

    def __set__(self, instance, value):
        self.validate(value)
        instance.__dict__[self._name] = value


class ClientClass:
    descriptor = Field(
        Validation(lambda x: isinstance(x, (int, float)), "is not a
        number"),
        Validation(lambda x: x >= 0, "is not >= 0"),
    )
```

下面是這個物件的動作：

```
>>> client = ClientClass()
>>> client.descriptor = 42
>>> client.descriptor
42
```

```
>>> client.descriptor = -42
Traceback (most recent call last):
   ...
ValueError: -42 is not >= 0
>>> client.descriptor = "invalid value"
...
ValueError: 'invalid value' is not a number
```

這個程式的概念是你可以將通常會被放在特性裡面的東西抽象到 descriptor 裡面，並重複使用它。在這個例子中，__set__() 方法可以做 @property.setter 原本的工作。

__delete__(self, instance)

這個方法是用下面的陳述式來呼叫的，它的 self 是 descriptor 屬性，instance 是這個範例的 client 物件：

```
>>> del client.descriptor
```

在下面的範例中，我們使用這個方法來建立一個 descriptor，目的是防止你在沒有管理權限的情況下移除物件的屬性。請注意，在這個例子中，descriptor 有部分的邏輯使用 "使用它的物件的值" 來斷言（predicate），而不是其他的相關物件：

```
# descriptors_methods_3.py

class ProtectedAttribute:
    def __init__(self, requires_role=None) -> None:
        self.permission_required = requires_role
        self._name = None

    def __set_name__(self, owner, name):
        self._name = name

    def __set__(self, user, value):
        if value is None:
            raise ValueError(f"{self._name} can't be set to None")
        user.__dict__[self._name] = value

    def __delete__(self, user):
        if self.permission_required in user.permissions:
            user.__dict__[self._name] = None
        else:
            raise ValueError(
```

```
                f"User {user!s} doesn't have {self.permission_required} "
                "permission"
            )


class User:
    """只有具備 "admin" 權限的使用者
可以移除他們的 email 地址。"""

    email = ProtectedAttribute(requires_role="admin")

    def __init__(self, username: str, email: str, permission_list: list =
None) -> None:
        self.username = username
        self.email = email
        self.permissions = permission_list or []

    def __str__(self):
        return self.username
```

在舉例說明這個物件如何運作之前，我們要先注意這個描述器的幾項標準。請注意，User 類別要求 username 與 email 是必要的參數。根據它的 **__init__** 方法，如果 user 沒有 email 屬性，它就不能成為 user。如果我們刪除那個屬性，並且完全將它從物件移除，就會建立不一致的物件，產生一些與 User 類別定義的介面不一致的無效中間狀態。為了避免問題，這類的細節很重要。有些其他的物件期望使用這個 User，也期望它有個 email 屬性。

因此，“刪除” email 只會將它設為 None，見程式中粗體的部分。出於同樣的原因，我們必須禁止有人試著將它設成 None 值，因為這會繞過 **__delete__** 方法裡面的機制。

下面是它的行為，假設只有擁有 "admin" 權限的使用者可以移除他們的 email 地址：

```
>>> admin = User("root", "root@d.com", ["admin"])
>>> user = User("user", "user1@d.com", ["email", "helpdesk"])
>>> admin.email
'root@d.com'
>>> del admin.email
>>> admin.email is None
True
```

```
>>> user.email
'user1@d.com'
>>> user.email = None
...
ValueError: email can't be set to None
>>> del user.email
...
ValueError:User user doesn't have admin permission
```

我們可以在這個簡單的 descriptor 裡面看到，我們只能刪除含有 "admin" 權限的使用者的 email。當我們對其他人的那個屬性呼叫 del 時會得到 ValueError 例外。

一般來說，這個方法不像前面兩個那麼常用，但為了完整起見，我還是要在這裡展示它。

__set_name__(self, owner, name)

當我們在想要使用 descriptor 物件的類別裡面建立它時，通常要讓 descriptor 知道它即將處理的屬性名稱。

這個屬性名稱就是我們在 __get__ 與 __set__ 方法裡面分別用來讀取與寫入 __dict__ 的那一個。

在 Python 3.6 之前，描述器無法自動得到這個名稱，所以最常見的做法是在初始化這個物件時直接明確地傳遞它。這種做法可行，問題在於每當我們想要用描述器來處理新屬性時，就要重複設定名稱。

下面是不使用這個方法時的典型 descriptor：

```
class DescriptorWithName:
    def __init__(self, name):
        self.name = name

    def __get__(self, instance, value):
        if instance is None:
            return self
        logger.info("getting %r attribute from %r", self.name, instance)
        return instance.__dict__[self.name]

    def __set__(self, instance, value):
        instance.__dict__[self.name] = value
```

```
class ClientClass:
    descriptor = DescriptorWithName("descriptor")
```

看一下 descriptor 是怎麼使用這個值的：

```
>>> client = ClientClass()
>>> client.descriptor = "value"
>>> client.descriptor
INFO:getting 'descriptor' attribute from <ClientClass object at 0x...>
'value'
```

如果我們不想要寫兩次這個屬性的名稱（一次是在類別裡面設定變數，一次是描述器的第一個參數的名稱），就必須動一些手腳，例如使用類別裝飾器或（更糟糕）使用詮釋類別。

Python 3.6 加入新的方法 `__set_name__`，它可接收建立描述器的類別，以及要幫描述器取的名稱。最常見的典型做法是讓描述器在這個方法裡面儲存想要的名稱。

為了相容，通常比較好的做法是在 `__init__` 裡面保存預設值，但同樣使用 `__set_name__`。

有了這個方法之後，我們可以將上面的描述器改成：

```
class DescriptorWithName:
    def __init__(self, name=None):
        self.name = name

    def __set_name__(self, owner, name):
        self.name = name
    ...
```

描述器的類型

我們可以根據剛才討論的方法，按照描述器的工作方式來區分它們。瞭解這種區分方式可幫助你有效地使用描述器，也有助於避免問題或執行期常見的錯誤。

當描述器實作 `__set__` 或 `__delete__` 方法時，它就是**資料描述器**。只實作 `__get__` 的描述器稱為**非資料描述器**。請注意，`__set_name__` 完全不影響分類。

當 Python 解析物件的屬性時，資料描述器的優先順序一定比物件的字典高，但非資料描述器並非如此。這意味著在非資料描述器中，如果物件在它的字典中有一個鍵的名稱與描述器一樣，那個鍵一定會被呼叫，而描述器本身永遠不會執行。反過來說，在資料描述器中，就算字典裡面有鍵的名稱與描述器一樣，它永遠都不會被使用，因為描述器本身一定會被呼叫。

接下來兩節會用範例來詳細說明這些情況，讓你更深入瞭解這兩種類型的描述器之行為。

非資料描述器

我們從只實作了 __get__ 方法的 descriptor 開始瞭解其用法：

```
class NonDataDescriptor:
    def __get__(self, instance, owner):
        if instance is None:
            return self
        return 42


class ClientClass:
    descriptor = NonDataDescriptor()
```

與之前一樣，當我們讀取 descriptor 時，會得到它的 __get__ 方法的結果：

```
>>> client = ClientClass()
>>> client.descriptor
42
```

但是如果我們將 descriptor 屬性改成別的東西，就無法取得這個值了，它會變成我們設的值：

```
>>> client.descriptor = 43
>>> client.descriptor
43
```

現在刪除 descriptor，並再度讀取它，看一下會得到什麼：

```
>>> del client.descriptor
>>> client.descriptor
42
```

我們來看看剛才發生的事情。當我們第一次建立 client 物件時，descriptor 屬性在類別裡面，所以當我們讀取 client 物件的字典時，它是空的：

```
>>> vars(client)
{}
```

接著，當我們讀取 .descriptor 屬性時，它在 client.__dict__ 裡面找不到名字叫做 "descriptor" 的鍵，所以會前往這個類別，在那裡找到它…只不過是作為描述器，這就是它回傳 __get__ 方法的結果的原因。

但是我們接下來將 .descriptor 屬性改成別的值，這個動作會將它設置到 instance 的字典裡面，所以這一次它不是空的：

```
>>> client.descriptor = 99
>>> vars(client)
{'descriptor':99}
```

所以，當我們讀取 .descriptor 屬性時，它會在物件中尋找它（這次它會找到它，因為在物件的 __dict__ 屬性裡面有個名為 descriptor 的鍵，將它當成 vars 的結果顯示出來），並回傳它，而不需要在類別中尋找它。因此，描述器協定永遠不會被呼叫，且下一次我們讀取這個屬性時會變成回傳我們覆寫的值（99）。

我們接著呼叫 del 來刪除這個屬性，它會將物件的字典內的 "descriptor" 鍵移除，讓我們返回最初的情況，成為預設啟動描述器協定的類別：

```
>>> del client.descriptor
>>> vars(client)
{}
>>> client.descriptor
42
```

這意味著如果我們將 descriptor 屬性設成別的東西，可能會不小心破壞它。為什麼？因為這個 descriptor 不處理刪除動作（它們不需要做的事情之一）。

它是非資料描述器，因為它沒有實作 __set__ 魔術方法，我們會在下一個範例看到這個方法。

資料描述器

接下來要看一下使用資料描述器的差異，因此，我們要建立另一個有 __set__ 方法的 descriptor：

```
class DataDescriptor:

    def __get__(self, instance, owner):
        if instance is None:
            return self
        return 42

    def __set__(self, instance, value):
        logger.debug("setting %s.descriptor to %s", instance, value)
        instance.__dict__["descriptor"] = value


class ClientClass:
    descriptor = DataDescriptor()
```

我們來看一下 descriptor 會回傳什麼值：

```
>>> client = ClientClass()
>>> client.descriptor
42
```

接著我們將這個值改成別的值，看看它會回傳什麼：

```
>>> client.descriptor = 99
>>> client.descriptor
42
```

descriptor 回傳的值沒有改變。但是當我們指派別的值給它時，它必定會被設到物件的字典裡面（如同之前的行為）：

```
>>> vars(client)
{'descriptor':99}

>>> client.__dict__["descriptor"]
99
```

所以 __set__() 方法有被呼叫，它也確實將值設到物件的字典內，只不過這一次，當我們請求這個屬性而不是使用字典的 __dict__ 屬性時，descriptor 占有優先權（因為它是個覆寫的 descriptor）。

還有一件事——我們無法刪除屬性了：

```
>>> del client.descriptor
Traceback (most recent call last):
   ...
AttributeError: __delete__
```

原因出在現在 descriptor 占優先權，對物件呼叫 del 不會試著刪除物件的字典（__dict__）的屬性，而是試著呼叫 descriptor 的 __delete__() 方法（本範例沒有實作它，因此產生屬性錯誤）。

這就是資料與非資料描述器的區別。如果描述器實作 __set__()，它一定占優先權，無論物件的字典裡面有什麼屬性。如果描述器沒有實作這個方法，Python 就會先查看字典，接著執行描述器。

你或許已經在 set 方法發現這一行有趣的程式了：

```
instance.__dict__["descriptor"] = value
```

這一行有很多問題，我們將它拆成幾個部分來看。

首先，為什麼它直接修改 "descriptor" 屬性？使用它只是為了簡化範例，因為它是在使用描述器時才出現的名稱，此時它還不知道它被指派給哪個參數，所以我們直接使用範例中的名稱 "descriptor"。

在實際的情況下，你要做兩件事情之一——以參數接收名稱並在 init 方法內儲存它，以使用內部屬性，或者更好的做法，使用 __set_name__ 方法。

為什麼它直接存取實例的 __dict__ 屬性？這是另一個好問題，至少兩個答案。首先，你可能會想，為什麼不這樣做就好了：

```
setattr(instance, "descriptor", value)
```

請記得這個方法（__set__）是我們試著將某個東西指派給本身是個 descriptor 的屬性時呼叫的。所以使用 setattr() 會再次呼叫這個 descriptor，接著它會再呼叫它，如此不斷繼續下去。最後產生一個無窮遞迴。

不要在 `__set__` 方法裡面直接對描述器使用 `setattr()` 或賦值運算式，因為這會觸發無窮遞迴。

那麼，為什麼描述器無法記錄它的所有物件的特性的值？

`client` 類別已經有個描述器的參考了。如果我們加入一個從描述器到 `client` 物件的參考，就會建立循環依賴關係，且這些物件的記憶體永遠不會被回收。因為它們指向彼此，所以它們的參考數量永遠不會降到被移除的門檻以下。

如果你想要做這件事的話，有一種替代方案就是使用 `weakref` 模組的弱參考，建立一個弱參考鍵字典。本章稍後會解釋這種做法，但是本書比較喜歡這種寫法，因為它在編寫描述器時很常見，也被很多人接受。

描述器的實際動作

知道什麼是描述器、它們如何工作，以及它們背後的主要概念後，我們要來看一下它們的實際動作。在這一節，我們要討論一些可以用描述器優雅地處理的情況。

本節會展示一些描述器的使用範例，也會討論一些製作它們時需要考慮的事情（各種創造它們的方式及其優缺點），最後說明最適合使用描述器的情況。

描述器的應用

我們從一個有效，但仍然有一些重複程式的簡單範例開始看起。目前你還不知道這個問題的解決方法。稍後，我們會用一種設計來將重複的邏輯抽象到描述器裡面以解決重複問題，你將會看到使用方的程式碼大大地減少。

不使用描述器的最初做法

現在要處理的問題是，我們有一個一般的類別，裡面有一些屬性，但是想要追蹤某個屬性隨著時間而變動的值，例如串列的值。我們最初想到的解決方案是使用特性，每當那個屬性的值在特性的 setter 方法裡面改變時，我們就將它加入一個內部串列來追蹤它。

假設在應用程式中有一個代表旅客的類別，而且程式有個當前的城市，我們想要追蹤那位旅客在程式執行的過程中造訪過的所有城市。下面的程式是處理這些需求的做法之一：

```
class Traveller:

    def __init__(self, name, current_city):
        self.name = name
        self._current_city = current_city
        self._cities_visited = [current_city]

    @property
    def current_city(self):
        return self._current_city

    @current_city.setter
    def current_city(self, new_city):
        if new_city != self._current_city:
            self._cities_visited.append(new_city)
        self._current_city = new_city

    @property
    def cities_visited(self):
        return self._cities_visited
```

我們很容易就可以根據需求檢查這段程式是否可行：

```
>>> alice = Traveller("Alice", "Barcelona")
>>> alice.current_city = "Paris"
>>> alice.current_city = "Brussels"
>>> alice.current_city = "Amsterdam"

>>> alice.cities_visited
['Barcelona', 'Paris', 'Brussels', 'Amsterdam']
```

到目前為止，我們只需要做這些事情。對這個問題而言，特性已經夠用了。但如果我們需要在應用程式的許多地方使用同樣的邏輯呢？這代表它其實是一種更廣泛的問題的實例——在另一個地方追蹤一個屬性的所有值。如果我們想要用其他的屬性做相同的事情，例如追蹤 Alice 買的所有票券，或她去過的所有國家呢？這樣我們就會在很多地方重複這個邏輯。

此外，如果我們要讓不同的類別使用同樣的邏輯呢？要嘛，我們會有重複的程式，要嘛，就做出一個通用的解決方案（可能是裝飾器、特性組建器（property builder），或描述器）。因為特性組建性是描述器的特例（而且較複雜），本書不討論它們，所以推薦使用較簡潔的描述器。

符合習慣的做法

接下來要看一下如何使用可以套用到任何類別的通用描述器來處理上一節的問題。同樣的，這個範例其實不一定要採取這種做法，因為這個問題不需要用到這麼通用的行為（我們並未遵守"有三個模式相似的實例才能建立抽象"這條規則），這只是為了說明描述器的動作。

除非你有明確的證據指出你正試圖解決重複的問題，而且付出複雜的代價是值得的，否則不要實作描述器。

現在我們要建立一個通用的描述器，當你將用來保存另一個屬性的紀錄的屬性名稱傳給它之後，它會在串列中儲存被追蹤的屬性的各個值。

前面說過，我們的問題不需要用這段程式就能解決了，這段程式的目的只是為了展示描述器如何在這種情況下協助我們。出於描述器的通用性質，讀者可以發現它的邏輯（描述器的方法和屬性的名稱）與眼前的領域問題無關（旅客物件），因為這是讓任何型態的類別都可以使用（或許是在不同的專案中）並產生相同效果的描述器。

為了讓你瞭解，我會幫一些程式碼加上註解，且下面的程式也會解釋各個段落（它做什麼，以及它與原始問題的關係）：

```
class HistoryTracedAttribute:
    def __init__(self, trace_attribute_name) -> None:
        self.trace_attribute_name = trace_attribute_name # [1]
        self._name = None

    def __set_name__(self, owner, name):
        self._name = name

    def __get__(self, instance, owner):
        if instance is None:
```

```
            return self
        return instance.__dict__[self._name]

    def __set__(self, instance, value):
        self._track_change_in_value_for_instance(instance, value)
        instance.__dict__[self._name] = value

    def _track_change_in_value_for_instance(self, instance, value):
        self._set_default(instance) # [2]
        if self._needs_to_track_change(instance, value):
            instance.__dict__[self.trace_attribute_name].append(value)

    def _needs_to_track_change(self, instance, value) -> bool:
        try:
            current_value = instance.__dict__[self._name]
        except KeyError: # [3]
            return True
        return value != current_value # [4]

    def _set_default(self, instance):
        instance.__dict__.setdefault(self.trace_attribute_name, []) # [6]


class Traveller:

    current_city = HistoryTracedAttribute("cities_visited") # [1]

    def __init__(self, name, current_city):
        self.name = name
        self.current_city = current_city # [5]
```

下面是程式中的註釋與註解（下面的編號是程式註解中的數字）：

1. 屬性名稱是指派給 descriptor 的屬性的名稱，就本例而言就是 current_city。將屬性名稱傳給 descriptor 之後，它就會在裡面儲存 descriptor 的變數的追蹤紀錄。在這個範例中，我們要求物件在 cities_visited 屬性裡面追蹤 current_city 曾經擁有的所有值。

2. 當我們第一次呼叫 descriptor 時，在 init 中，記錄值的屬性不存在，此時我們將它初始化為空串列，稍後會在裡面加入值。

3. 在 init 方法裡面，current_city 屬性的名稱也不存在，所以我們也想要追蹤這項改變。這相當於在上面的範例中使用第一個值來將串列初始化。
4. 只有在新值與當前設定的值不同時才追蹤變動。
5. 在 init 方法裡面，descriptor 已經存在了，這個賦值動作會觸發第 2 動作（建立空串列來開始追蹤它的值），與第 3 動作（將值加入這個串列，並將它指派給物件內的鍵，準備在稍後取回）。
6. 字典的 setdefault 方法是用來避免 KeyError 的。如果屬性仍然無效，這個例子會回傳空串列（參考 https://docs.python.org/3.6/library/stdtypes.html#dict.setdefault）。

在 descriptor 裡面的程式確實相當複雜，但是在 client 類別裡面的程式則是相當簡單。當然，這種平衡唯有在我們多次使用 descriptor 時才能獲得回報，這個考量已經說過很多次了。

此時，你可能還無法清楚地看到描述器其實與 client 類別完全無關。它裡面沒有任何與商業邏輯有關的東西，所以非常適合在任何其他類別中使用，就算那個類別的工作完全不同，描述器也可以產生同樣的效果。

這是符合 Python 風格的描述器。它們比較適合用來定義程式庫、框架或內部 API，但不太適合處理商業邏輯。

各種描述器的實作形式

在考慮實作描述器的方法之前，我們要先瞭解描述器的性質造成的常見問題。我們會先討論全域狀態共享問題，接下來要看一下在考慮這個問題時，實作描述器的各種方式。

全域狀態共享問題

如前所述，你必須將描述器設為類別屬性才能讓它工作。在多數情況下，這不成問題，但仍有一些需要考慮的地方。

類別屬性有一個問題在於它是該類別的所有實例共用的。描述器也不例外，所以如果我們試著在一個 descriptor 物件裡面保存資料，務必記得所有物件都有同一個值。

看看當我們錯誤地定義一個 descriptor，讓它在自己內部而不是在各個物件保存資料時的情況：

```
class SharedDataDescriptor:
    def __init__(self, initial_value):
        self.value = initial_value

    def __get__(self, instance, owner):
        if instance is None:
            return self
        return self.value

    def __set__(self, instance, value):
        self.value = value

class ClientClass:
    descriptor = SharedDataDescriptor("first value")
```

這個範例的 descriptor 物件在自己內部儲存資料。這帶來不便，因為當我們修改某個 instance 的值時，同類別的其他實例都會被改成這個值。這就是實際的情況：

```
>>> client1 = ClientClass()
>>> client1.descriptor
'first value'

>>> client2 = ClientClass()
>>> client2.descriptor
'first value'

>>> client2.descriptor = "value for client 2"
>>> client2.descriptor
'value for client 2'

>>> client1.descriptor
'value for client 2'
```

請注意，當我們改變一個物件時，因為所有物件都來自同一個類別，所以那個值也反映在另一個物件，因為 ClientClass.descriptor 是唯一的，它對所有物件而言是同一個物件。

有時這的確是我們想要的效果（例如建立 Borg 模式，讓同一個類別的所有物件共享狀態），但是在一般情況下並非如此，因為我們要讓物件是彼此不同的。我們會在**第九章，常見的設計模式**更詳細討論這種模式。

為了產生這種效果，描述器必須知道各個 instance 的值，並相應地回傳它。這就是我們一直使用各個 instance 的字典（`__dict__`），並在那裡設定與取回值的原因，

這也是最常見的做法。我們已經討論為何無法對這些方法使用 `getattr()` 與 `setattr()` 了，所以修改 `__dict__` 屬性是最終的選項，而且在這個例子中，這是可接受的做法。

存取物件的字典

本書實作描述器的方式是讓 descriptor 物件在物件的字典 `__dict__` 裡面儲存值，以及從那裡取回參數。

永遠在實例的 `__dict__` 屬性儲存與取回資料。

使用弱參考

另一種做法（如果不想要使用 `__dict__`）是讓 descriptor 物件在內部的 mapping（對映）中追蹤各個實例本身的值，並且從這個 mapping 回傳值。

不過這種做法需要注意一個地方。這個 mapping 不能只是字典。因為 client 類別有描述器的參考，而且現在描述器會保存使用它的物件的參考，這就產生了循環依賴關係，因此這些物件使用的記憶體永遠都不會被回收，因為它們指向彼此。

為了處理這個問題，字典必須使用弱鍵（weak key），如同 weakref（WEAKREF 01）模組的定義。

此時，descriptor 的程式碼可能長這樣：

```
from weakref import WeakKeyDictionary

class DescriptorClass:
    def __init__(self, initial_value):
        self.value = initial_value
        self.mapping = WeakKeyDictionary()
```

```
    def __get__(self, instance, owner):
        if instance is None:
            return self
        return self.mapping.get(instance, self.value)

    def __set__(self, instance, value):
        self.mapping[instance] = value
```

這種做法可以解決問題，但也有一些應該注意的地方：

- 我們已經不是用物件保存它們的屬性了——而是用描述器保存。這是很有爭議的地方，而且概念上也不完全正確。如果我們忘記這個細節，可能會檢查物件的字典，試著尋找不存在的東西（例如呼叫 vars(client) 不會得到完整的資料）。
- 它要求物件必須是可雜湊化（hashable）的。若非如此，它們就無法成為 mapping 的一部分。這個要求對一些應用程式而言可能太高了。

出於這些原因，我比較喜歡本書到目前為止展示的做法，也就是使用存有各個實例的字典。但是為了完整起見，我也要展示這種做法。

關於描述器的其他注意事項

接下來，我們要討論在適合使用描述器的情況下，它們可以用來做什麼，以及在什麼情況下，我們可以用描述器來改善原本認為可以用另一種方法來處理的問題。我們會分析原始的設計以及使用描述器時的優缺點。

重用程式碼

描述器是一種通用的工具，也是一種可以避免程式碼重複的強大抽象。使用描述器的最佳時機就是發現我們使用了特性（無論是它的 get 邏輯、set 邏輯，或兩者），但是重複它的結構很多次的情況。

特性只是描述器的特例（@property 裝飾器實作了完整的描述器協定來定義它們的 get、set 與 delete 動作），這意味著我們可以用描述器來處理複雜許多的工作。

裝飾器是另一種重用程式碼的強大型態，**第五章，使用裝飾器來改善程式**已經解釋它了。如果我們確定裝飾器也能正確地套用到類別方法，描述器可以協助我們建立更好的裝飾器。

談到裝飾器，我們可以確定幫它們實作 `__get__()` 方法是絕對安全的，將它們變成描述器也是如此。當你評估是否值得建立裝飾器時，應考慮的是**第五章，使用裝飾器來改善程式**談到的“三次規則”，對於描述器，你需要考慮的事項也僅止於此。

要製作通用的描述器，除了適用於裝飾器（以及，一般來說，任何可重用元件）的“三個實例”規則之外，你也要記住，當你定義內部 API 時，因為這是要讓使用方使用的程式碼，所以也應該採用描述器，它是比較偏向程式庫與框架的功能，而不是一次性的解決方案。

除非有很好的理由，或程式碼看起來會明顯變好，否則盡量不要在描述器裡面加入商業邏輯。描述器的程式應該有較多實作性（implementational）程式，而不是商業（business）程式。它比較類似定義一個新的資料結構或物件來讓另一個商業邏輯當成工具來使用。

一般來說，描述器含有實作邏輯，而非許多商業邏輯。

避免使用類別裝飾器

回想我們在**第五章，使用裝飾器來改善程式**用過的類別裝飾器，為了確定事件物件將會如何被序列化，我們最後建立一個使用兩個類別裝飾器的程式（Python 3.7+）：

```
@Serialization(
    username=show_original,
    password=hide_field,
    ip=show_original,
    timestamp=format_time,
)
@dataclass
class LoginEvent:
    username: str
    password: str
    ip: str
    timestamp: datetime
```

第一個裝飾器從註釋取得屬性來宣告變數，第二個定義如何處理各個檔案。我們來看看可否將這兩個裝飾器改成描述器。

我們想要建立一個描述器來轉換各個屬性的值，根據需求來回傳修改過的版本（例如，隱藏敏感資訊，以及將日期正確地格式化）：

```
from functools import partial
from typing import Callable


class BaseFieldTransformation:

    def __init__(self, transformation:Callable[[], str]) -> None:
        self._name = None
        self.transformation = transformation

    def __get__(self, instance, owner):
        if instance is None:
            return self
        raw_value = instance.__dict__[self._name]
        return self.transformation(raw_value)

    def __set_name__(self, owner, name):
        self._name = name

    def __set__(self, instance, value):
        instance.__dict__[self._name] = value


ShowOriginal = partial(BaseFieldTransformation, transformation=lambda x: x)
HideField = partial(
    BaseFieldTransformation, transformation=lambda x: "**redacted**"
)
FormatTime = partial(
    BaseFieldTransformation,
    transformation=lambda ft: ft.strftime("%Y-%m-%d %H:%M"),
)
```

這個 descriptor 很有趣。它是用一個接收一個引數並回傳一個值的函式建立的。這個函式將會是我們要套用到欄位上的轉換程式。在廣泛定義 descriptor 類別將如何工作的基本定義中，其餘的部分只是根據每一個需求來更換指定的函式。

這個範例使用 `functools.partial`（`https://docs.python.org/3.6/library/functools.html#functools.partial`），藉著對轉換函式執行 partial 來產生一個可以直接實例化的新 callable 來模擬子類別。

為了保持範例簡單，我們要實作 `__init__()` 與 `serialize()` 方法，雖然你也可以將它們抽象化。考慮以上的事情之後，事件類別可以定義成：

```
class LoginEvent:
    username = ShowOriginal()
    password = HideField()
    ip = ShowOriginal()
    timestamp = FormatTime()

    def __init__(self, username, password, ip, timestamp):
        self.username = username
        self.password = password
        self.ip = ip
        self.timestamp = timestamp

    def serialize(self):
        return {
            "username": self.username,
            "password": self.password,
            "ip": self.ip,
            "timestamp": self.timestamp,
        }
```

我們可以看到物件在執行期的行為：

```
>>> le = LoginEvent("john", "secret password", "1.1.1.1",
datetime.utcnow())
>>> vars(le)
{'username': 'john', 'password': 'secret password', 'ip': '1.1.1.1',
'timestamp': ...}
>>> le.serialize()
{'username': 'john', 'password': '**redacted**', 'ip': '1.1.1.1',
'timestamp': '...'}
>>> le.password
'**redacted**'
```

這個範例與前一個使用裝飾器的程式有一些差異，這個範例加入 serialize() 方法，先將欄位隱藏再將它們加入字典，但是無論何時，當我們讀取事件實例的任何屬性時，它都會給我們未套用任何轉換的原始值（我們也可以在設值時套用轉換，並且在 __get__() 裡面直接回傳它）。

這種做法或許是可被接受的，也可能無法被接受，視應用程式的敏感程度而定，但是在這個例子中，當我們向物件索取它的 public 屬性時，描述器會先套用轉換再呈現結果。你仍然可能讀取物件的字典（藉由讀取 __dict__）來取得原始值，但是當我們索取值時，在預設情況下，它會回傳轉換過的值。

在這個範例中，所有的描述器都遵守基礎類別定義的共同邏輯。描述器應該在物件儲存值，接著取得它，並套用它定義的轉換。我們可以建立一個類別階層，每一個類別都定義它自己的轉換函式，採取樣板方法設計模式（template method design pattern）的做法。在這個例子中，因為在衍生類別裡面的改變比較小（只有一個函式），我們將衍生類別做成基礎類別的 partial 程式。如果你要建立任何新的轉換欄位，只要定義一個新類別，將它當成基礎類別，再部分（partially）套用你需要的函式即可。這甚至可以臨時完成，因此不需要為它指定名稱。

無論這個程式如何，我們的重點在於，因為描述器是物件，所以我們可以建立模型，並對它們套用所有物件導向程式設計規則。設計模式也可套用在描述器上。我們可以定義我們的階層，設定自訂的行為等等。這個範例遵守**第四章，*SOLID* 原則**介紹的 OCP，因為加入新的轉換方法只不過是用它需要的函式從基礎類別繼承一個新類別，不需要修改基礎類別本身（說句公道話，之前那個使用裝飾器的實作也遵守 OCP，但每一個轉換機制都沒有類別參與其中）。

舉例而言，當我們建立一個實作了 __init__() 與 serialize() 方法的基礎類別之後，只要繼承它就可以定義 LoginEvent 類別了：

```
class LoginEvent(BaseEvent):
    username = ShowOriginal()
    password = HideField()
    ip = ShowOriginal()
    timestamp = FormatTime()
```

這個類別看起來簡潔多了。它只定義它需要的屬性，你可以藉由查看類別的各個屬性來快速分析它的邏輯。基礎類別會將共用的方法抽象化，讓各個事件類別看起來更簡單且更紮實。

除了讓各個事件類別看起來更簡單之外，描述器本身也非常紮實，而且比類別裝飾器簡單多了。原本那一個使用類別裝飾器的程式也很不錯，但裝飾器讓它更好。

分析描述器

我們已經知道描述器如何工作，也說明可以用它們來簡化邏輯與利用更紮實的類別來實現簡潔設計了。

到目前為止，我們知道我們可以藉由使用描述器實現更簡潔的程式碼，將重複的邏輯與實作細節抽象化。但是我們該如何知道描述器的實作是簡潔且正確的？什麼是好的描述器？我們有沒有正確地使用這項工具？還是只是為了使用它而過度設計程式？

本節將分析描述器來回答這些問題。

Python 內部如何使用描述器？

關於“什麼是好的描述器”這個問題，有一個簡單的答案是：好的描述器長得很像任何其他好的 Python 物件。它與 Python 本身是一致的。在這個前提下，分析 Python 如何使用描述器可以幫助我們瞭解好的實作是什麼，進而知道應該如何編寫描述器。

我們要來看 Python 本身使用描述器來處理內部邏輯的情況，從中找出一直默默地存在的優雅描述器。

函式與方法

函式應該是最容易讓人產生共鳴的描述器物件。函式實作了 `__get__` 方法，所以當它們被定義在類別裡面時，可以當成方法來使用。

方法只不過是多接收一個引數的函式。依照規範，方法的第一個引數稱為 "self"，代表定義該方法的類別實例。接著，無論這個方法用 "self" 來做什麼事情，效果就如同任何其他的函式接收這個物件，並對它進行修改。

換句話說，當我們這樣定義時：

```
class MyClass:
    def method(self, ...):
        self.x = 1
```

它其實相當於這種定義：

```
class MyClass: pass

def method(myclass_instance, ...):
    myclass_instance.x = 1

method(MyClass())
```

所以，它只是另一個修改物件的函式，只不過它是在類別裡面定義的，我們說它被指派給一個物件。

當我們這樣呼叫某個東西時：

```
instance = MyClass()
instance.method(...)
```

事實上，Python 動作相當於：

```
instance = MyClass()
MyClass.method(instance, ...)
```

請注意，這只是在 Python 內部做的語法轉換，讓這種做法生效的工具是描述器。

因為在呼叫方法之前，函式就實作了描述器協定（見下面的情形），__get__() 方法會先被呼叫，而且有一些轉換會在執行內部的可呼叫物的程式之前進行：

```
>>> def function(): pass
...
>>> function.__get__
<method-wrapper '__get__' of function object at 0x...>
```

在 instance.method(...) 陳述式裡面，Python 會在處理可呼叫物的括號內的所有引數之前先計算 "instance.method" 部分。

因為 method 是定義成類別屬性的物件，而且它有個 __get__ 方法，所以它會被呼叫。它的工作是將 function 轉換成方法，也就是將可呼叫物指派給它將要合作的物件實例。

我們來看一個範例，以瞭解 **Python** 內部的做法。

我們要在類別裡面定義一個可呼叫物件，將它當成要在外部呼叫的函式或方法。Method 類別的實例應該是在不同的類別裡面當成函式或方法來使用的。這個函式會印出它的三個參數——它收到的 instance（這是它被定義的類別的 self 參數）與另外兩個引數。請注意，在 __call__() 方法裡面，self 參數代表的不是 MyClass 的 instance，而是 Method 的實例。名為 instance 的參數意味著它是 MyClass 型態的物件：

```
class Method:
    def __init__(self, name):
        self.name = name

    def __call__(self, instance, arg1, arg2):
        print(f"{self.name}: {instance} called with {arg1} and {arg2}")

class MyClass:
    method = Method("Internal call")
```

根據上面的定義，建立物件之後，下面的兩個呼叫式應該是等效的：

```
instance = MyClass()
Method("External call")(instance, "first", "second")
instance.method("first", "second")
```

但是只有第一個物件的行為符合預期，第二個產生錯誤：

```
Traceback (most recent call last):
File "file", line , in <module>
    instance.method("first", "second")
TypeError: __call__() missing 1 required positional argument: 'arg2'
```

我們在**第五章，使用裝飾器來改善程式**的裝飾器看過同樣的錯誤。原因是引數被向左移動一個位置，instance 移到 self 的位置，arg1 變成 instance，且 arg2 沒有任何東西。

為了修正這個錯誤，我們要將 Method 變成描述器。

如此一來，當我們先呼叫 instance.method 時，就會呼叫它的 __get__()，我們在裡面將這個可呼叫物指派給相應的物件（跳過第一個參數的物件），然後繼續執行：

```
from types import MethodType

class Method:
    def __init__(self, name):
        self.name = name

    def __call__(self, instance, arg1, arg2):
        print(f"{self.name}: {instance} called with {arg1} and {arg2}")

    def __get__(self, instance, owner):
        if instance is None:
            return self
        return MethodType(self, instance)
```

現在兩個呼叫式的行為都符合預期了：

```
External call: <MyClass object at 0x...> called with fist and second
Internal call: <MyClass object at 0x...> called with first and second
```

我們的做法是使用 types 模組的 MethodType 將 function（其實是我們定義的可呼叫物件）轉換成方法。這個類別的第一個參數應該是個可呼叫物（根據定義，本例是 self，因為它實作了 __call__），第二個是與這個函式綁定的物件。

類似這種情況，當 Python 的函式物件被定義在類別裡面時，也可以當成方法來使用。

因為這是非常優雅的解決方案，所以值得探討，而且你應該將它當成符合 Python 風格的做法牢記在心，以便在定義自己的物件時加以運用。例如，如果我們要定義自己的可呼叫物，你也可以將它做成描述器，如此一來，就可以在類別裡面將它當成類別屬性來使用。

方法的內建裝飾器

或許你已經閱讀官方文件（PYDESCR-02）並且知道，所有的 @property、@classmethod 與 @staticmethod 裝飾器都是描述器。

我們已經談過多次，採取這種做法之後，當你從類別直接呼叫描述器時可讓它回傳自己。因為特性其實就是描述器，這就是當我們從類別索取它時，不會得到計算特性的結果，而是整個 property object 的原因：

```
>>> class MyClass:
... @property
... def prop(self): pass
...
>>> MyClass.prop
<property object at 0x...>
```

對類別方法而言，描述器裡面的 __get__ 函式會確保該類別是傳給被裝飾的函式的第一個參數，無論它是直接從類別呼叫還是從實例呼叫。對靜態方法而言，它可確保除了函式定義的參數之外，沒有其他的參數會被綁定，也就是它會撤銷 __get__() 對函式做的“讓 self 成為函式的第一個參數”的綁定。

下面的例子建立一個 @classproperty 裝飾器當成常規的 @property 裝飾器來使用，但只用來處理類別。若使用這種裝飾器的話，下面的程式是有效的：

```
class TableEvent:
    schema = "public"
    table = "user"

    @classproperty
    def topic(cls):
        prefix = read_prefix_from_config()
        return f"{prefix}{cls.schema}.{cls.table}"


>>> TableEvent.topic
'public.user'

>>> TableEvent().topic
'public.user'
```

Slots

如果類別定義 __slots__ 屬性的話，它可以用來儲存類別預期的所有屬性，僅此而已。

在定義 __slots __ 的類別動態地加入其他的屬性會造成 AttributeError。當類別定義這個屬性時，它會變成靜態的，所以沒有可供動態加入更多物件的 __dict__ 屬性。

既然無法從字典取得屬性，你要怎麼取得這個物件的屬性？你可以使用描述器。你在 slot 裡面定義的每一個名稱都有它自己的描述器，它會儲存值，讓你可在稍後取回：

```
class Coordinate2D:
    __slots__ = ("lat", "long")

    def __init__(self, lat, long):
        self.lat = lat
        self.long = long

    def __repr__(self):
    return f"{self.__class__.__name__}({self.lat}, {self.long})"
```

雖然這是有趣的功能，但你必須謹慎地使用它，因為它會移除 Python 的動態性質。通常這種做法只能在你已經知道該物件是靜態的，而且絕對確定其他部分的程式不會動態為它們加上任何屬性時使用。

另一方面，用 slot 定義的物件使用較少的記憶體，因為它們只需要固定的欄位來保存值，而不是整個字典。

在裝飾器中實作描述器

我們已經知道 Python 如何在函式中使用描述器，讓函式被定義在類別裡面時可當成方法來使用了。我們也看過一些範例藉由使用介面的 __get__() 方法來讓裝飾器配合呼叫它的物件，讓裝飾器符合描述器協定，用 Python 處理“將物件內的函式當成方法”時的做法來解決裝飾器的問題。

以這種方式來調整裝飾器的萬用配方是為它實作 __get__() 方法，並使用 types.MethodType 來將可呼叫物（裝飾器本身）轉換成方法來綁定它收到的物件（__get__ 接收的 instance 參數）。

為此，我們必須將裝飾器做成物件，因為若非如此，當我們使用函式時，它就有一個 __get__() 方法，除非我們調整它，否則它會做一些不同的、無效的工作。比較簡潔的方法是為裝飾器定義一個類別。

當我們定義一個想要套用到類別方法的裝飾器時，可使用裝飾器類別，並為它實作 __get__() 方法。

結論

描述器是一種進階的 Python 功能，將程式往超編程（metaprogramming）方向擴展。它們最有趣的面向之一，就是讓 "Python 的類別都只是個常規物件" 這個事實如水晶般清澈，因此，它們有一些可以互動的特性。從這個意義上來說，描述器是類別最有趣的屬性類型，因為它的協定讓我們更能夠使用更高階的物件導向。

我們已經看過描述器的機制、方法，以及它們如何互相配合，成為一幅更有趣的物件導向軟體設計圖像。藉由瞭解描述器，我們能夠建立強大的抽象，產生簡潔且紮實的類別。我們知道如何修改想要套用到函式與方法的裝飾器，也瞭解 Python 內部如何運作，以及描述器如何在實作這個語言時扮演如此核心且重要的角色。

這些 Python 在內部使用描述器的做法可當成確認我們的程式是否善用描述器以符合 Python 風格的參考。

儘管描述器有許多強大的選項可供利用，但我們必須記得使用它們的適當時機，以避免過度設計。關於這個部分，建議你將描述器的功能保留給真正通用的案例，例如設計內部開發 API、程式庫或框架。另一個需要特別注意的地方是，我們通常不應該將商業邏輯放在描述器內，而是要在描述器內放入可讓含有商業邏輯的其他元件使用的技術性功能實作邏輯。

談到進階的功能，下一章會討論一個有趣且深入的主題：產生器。表面上，產生器相當簡單（且大部分的讀者可能已經很熟悉它們了），但它們與描述器的共同點在於它們也有可能很複雜，也可以設計出更高級且優雅的程式，讓 Python 成為一種獨特的語言。

參考文獻

以下是可以提供更多資訊的參考文獻：

- 與描述器有關的 **Python** 官方文件（`https://docs.python.org/3/reference/datamodel.html#implementing-descriptors`）
- *WEAKREF 01*：**Python** `weakref` 模組（`https://docs.python.org/3/library/weakref.html`）
- *PYDESCR-02*：當成描述器的內建裝飾器（`https://docs.python.org/3/howto/descriptor.html#static-methods-and-class-methods`）

7 使用產生器

產生器是讓 Python 比傳統的程式語言還要特別的功能之一。在這一章，我們要討論它們的基本原理、為什麼這種語言要加入它，以及它們解決的問題。我們也會介紹如何用產生器以典型的風格解決問題，以及如何讓產生器（或任何可迭代物）符合 Python 風格。

你將會瞭解這個語言為什麼要自動提供迭代功能（以迭代器（iterator）模式的形式）。從這裡，我們會開始另一個旅程，探討產生器如何變成 Python 支援其他功能的基本功能，這些其他功能包括協同程序與非同步程式設計。

本章的目標包括：

- 建立產生器來改善程式的效能
- 瞭解迭代器（以及迭代器模式）究竟如何深埋在 Python 裡面
- 以符合風格的方式解決迭代相關問題
- 說明產生器如何成為協同程序與非同步程式設計的基礎
- 探討協同程序的語法支援── `yield from`、`await` 與 `async def`

技術需求

本章的範例將使用任何平台上的 Python 3.6 版。

你可以在 `https://github.com/PacktPublishing/Clean-Code-in-Python` 取得本章的程式。

`README` 檔案裡面有程式的說明。

建立產生器

產生器是很久以前就加入 Python 的功能（PEP-255），它的目的是在 Python 中加入迭代，同時改善程式的效能（藉由使用較少的記憶體）。

產生器的概念是建立一個可迭代的物件，當它被迭代時會產生它裡面的元件，一次一個。產生器的主要功能是節省記憶體——你不用在記憶體放入一個非常大型的元素串列，同時保存所有的東西，而是放入一個知道如何產生每一個元素的物件，它可以在你需要元素時一次產生一個。

這種功能可讓我們在記憶體內使用惰式計算（lazy computation）或重量級物件，類似其他泛函程式語言（例如 Haskell）提供的功能。你甚至可以使用無窮序列，因為產生器的惰式特質可讓你做這件事。

初探產生器

我們從一個範例看起。我們想要處理一個大型的紀錄串列，從中取得一些統計數據。我們有一個大型的資料集，裡面有購物資訊，想要處理它來取得最低售價、最高售價，以及平均售價。

為了簡化這個範例，我們假設有個只有兩個欄位的 CSV，其格式如下：

```
<purchase_date>, <price>
...
```

我們要建立一個可接收所有購物資訊的物件，用這個物件來提供我們需要的統計數據。我們原本就可以直接使用 `min()` 與 `max()` 內建函式來取得其中的一些值了，但是這樣做的話，我們就需要迭代所有的購物資訊多次，所以我們改用自訂的物件，讓它只要一次迭代就能提供這些值。

為我們取得數據的程式看起來很簡單。它只是一個物件，有個一次性處理所有價格的方法，而且會在每一個步驟更新我們感興趣的每一個數據的值。下面是第一個版本，本章稍後（當我們已經更深入瞭解迭代之後）會再回顧這個程式，並寫一個好很多（且更紮實）的版本。目前的做法是這樣：

```
class PurchasesStats:
    def __init__(self, purchases):
        self.purchases = iter(purchases)
        self.min_price: float = None
        self.max_price: float = None
        self._total_purchases_price: float = 0.0
```

```
        self._total_purchases = 0
        self._initialize()

    def _initialize(self):
        try:
            first_value = next(self.purchases)
        except StopIteration:
            raise ValueError("no values provided")

        self.min_price = self.max_price = first_value
        self._update_avg(first_value)

    def process(self):
        for purchase_value in self.purchases:
            self._update_min(purchase_value)
            self._update_max(purchase_value)
            self._update_avg(purchase_value)
        return self

    def _update_min(self, new_value: float):
        if new_value < self.min_price:
            self.min_price = new_value

    def _update_max(self, new_value: float):
        if new_value > self.max_price:
            self.max_price = new_value

    @property
    def avg_price(self):
        return self._total_purchases_price / self._total_purchases

    def _update_avg(self, new_value: float):
        self._total_purchases_price += new_value
        self._total_purchases += 1

    def __str__(self):
        return (
            f"{self.__class__.__name__}({self.min_price}, "
            f"{self.max_price}, {self.avg_price})"
        )
```

這個物件會接收 purchases 的總量，並產生我們需要的值。接著我們要用一個函式來將這些數字放入一個可讓這個物件處理的東西。這是第一個版本：

```
def _load_purchases(filename):
    purchases = []
    with open(filename) as f:
        for line in f:
            *_, price_raw = line.partition(",")
            purchases.append(float(price_raw))

    return purchases
```

這段程式是有效的，它可以將檔案的所有數字載入一個串列，當我們將它傳給自訂的物件時，就可以產生我們想要的數字。不過它有個效能上的問題。當你讓它執行一個非常大的資料集時，需要花一段時間才能完成，而且如果這個資料集太大而無法被裝進主記憶體，程式甚至可能會失敗。

看一下接收資料的程式碼，它在處理 purchases 時採取一次一個的做法，讓我們不得不懷疑製作這些資料的人為什麼可以在記憶體一次放入所有東西。它建立一個串列將檔案的所有內容放入，但我們知道有更好的做法。

解決方案是產生器。我們不把檔案的所有內容放入串列了，而是一次產生一個結果。程式如下所示：

```
def load_purchases(filename):
    with open(filename) as f:
        for line in f:
            *_, price_raw = line.partition(",")
            yield float(price_raw)
```

當你評估這段程式時，可以發現它的記憶體使用量少非常多。程式看起來也簡單多了——你不需要定義串列（因此不需要 append 它），且 return 陳述式也不見了。

這個 load_purchases 函式是個產生器函式，簡稱產生器。

在 Python 中，只要函式裡面有關鍵字 yield，它就是個產生器，因此，當你呼叫它時，除了創造產生器實例之外不會發生其他事情：

```
>>> load_purchases("file")
<generator object load_purchases at 0x...>
```

產生器物件是可迭代物（稍後會更詳細討論可迭代物），代表它可以和 for 迴圈一起使用。請注意，我們不需要更改使用方的任何程式——當我們寫出新程式之後，統計程式保持不變，for 迴圈也保持不變。

使用可迭代物可讓我們建立這種強大的抽象，它們對 for 迴圈而言是多型的。只要我們維持可迭代物介面，就可以透明地迭代物件。

產生器運算式

產生器可節省許多記憶體，因為它們是迭代器，所以可以取代需要較多記憶體的其他可迭代物，例如串列、tuple 或集合。

類似這些資料結構，產生器也可以用生成式（comprehension）來定義，此時它稱為產生器運算式（generator expression）（現在有人爭論它們該不該叫做產生器生成式，本書只用正式名稱來稱呼它們，但你可以隨意使用你喜歡的稱謂）。

我們也可以用同樣的方式來定義串列生成式。當我們將方括號換成一般括號時，就可以得到以運算式做成的產生器。產生器運算式也可以直接傳給處理可迭代物的函式，例如 sum() 與 max()：

```
>>> [x**2 for x in range(10)]
[0, 1, 4, 9, 16, 25, 36, 49, 64, 81]

>>> (x**2 for x in range(10))
<generator object <genexpr> at 0x...>

>>> sum(x**2 for x in range(10))
285
```

永遠傳遞產生器運算式（而不是串列生成式）給期望收到可迭代物的函式，例如 min()、max() 與 sum()。這種做法效率比較好，而且符合 Python 風格。

典型的迭代法

在這一節，我們要先探討在 Python 中處理迭代時很方便的典型做法。這些配方可協助我們更瞭解產生器可以處理的事項種類（尤其是當我們已經看過產生器運算式時），以及如何處理與它們有關的典型問題。

瞭解這些典型寫法之後，我們要繼續更深入地探討 Python 的迭代，分析讓迭代生效的方法，以及可迭代物件究竟如何動作。

典型的迭代寫法

我們已經熟悉內建的 enumerate() 函式了，當它收到一個可迭代物之後會回傳另一個可迭代物，裡面的元素是 tuple，tuple 的第一個元素是第二個元素的編號（原始可迭代物內的元素的編號）：

```
>>> list(enumerate("abcdef"))
[(0, 'a'), (1, 'b'), (2, 'c'), (3, 'd'), (4, 'e'), (5, 'f')]
```

我們想要建立一個類似的物件，但是要用較低階的方式，讓它成為一個可以建立無窮序列的物件。我們希望這個物件可以產生一個數字序列，從最初的那個開始，沒有任何上限。

下面這個簡單的物件就可以做到這一點了。每當我們呼叫這個物件時，就可以**無止盡地**取得序列的下一個數字：

```
class NumberSequence:

    def __init__(self, start=0):
        self.current = start

    def next(self):
        current = self.current
        self.current += 1
        return current
```

根據介面，我們必須明確地呼叫這個物件的 next() 方法來使用它：

```
>>> seq = NumberSequence()
>>> seq.next()
0
>>> seq.next()
1

>>> seq2 = NumberSequence(10)
>>> seq2.next()
10
>>> seq2.next()
11
```

但是我們無法用這段程式來重現 enumerate() 函式，因為它的介面不支援常規的 Python for 迴圈迭代，這也意味著我們無法將它當成參數傳給期望收到可迭代物的函式。請注意，下面的程式失敗了：

```
>>> list(zip(NumberSequence(), "abcdef"))
Traceback (most recent call last):
  File "...", line 1, in <module>
TypeError: zip argument #1 must support iteration
```

問題出在 NumberSequence 不支援迭代。為了修正它，我們必須實作魔術方法 __iter__() 來讓這個物件可被迭代。我們也用魔術方法 __next__ 取代之前的 next() 方法，將這個物件變成迭代器：

```
class SequenceOfNumbers:

    def __init__(self, start=0):
        self.current = start

    def __next__(self):
        current = self.current
        self.current += 1
        return current

    def __iter__(self):
        return self
```

這種做法有一個好處——我們不但可以迭代元素，也不需要 .next() 方法了，因為有了 __next__() 之後，我們可以使用 next() 內建函式：

```
>>> list(zip(SequenceOfNumbers(), "abcdef"))
[(0, 'a'), (1, 'b'), (2, 'c'), (3, 'd'), (4, 'e'), (5, 'f')]
>>> seq = SequenceOfNumbers(100)
>>> next(seq)
100
>>> next(seq)
101
```

next() 函式

next() 內建函式可將可迭代物移到它的下一個元素並回傳：

```
>>> word = iter("hello")
>>> next(word)
'h'
>>> next(word)
'e'  # ...
```

如果迭代器沒有元素可以產生，就會引發 StopIteration 例外：

```
>>> ...
>>> next(word)
'o'
>>> next(word)
Traceback (most recent call last):
  File "<stdin>", line 1, in <module>
StopIteration
>>>
```

這個例外指出迭代已經結束，沒有其他元素可以使用了。

若要處理這種情況，除了捕捉 StopIteration 例外之外，你也可以用這個函式的第二個參數提供預設值，有這個預設值的話，它就會被回傳，不會丟出 StopIteration：

```
>>> next(word, "default value")
'default value'
```

使用產生器

使用產生器可以顯著簡化上面的程式。產生器物件是迭代器。採取這種做法時，我們可以定義一個函式，按需求 yield 值，而不用建立類別：

```
def sequence(start=0):
    while True:
        yield start
        start += 1
```

在之前的第一個定義中，函式內文的 yield 關鍵字讓它成為一個產生器。因為它是個產生器，像這樣建立無窮迴圈是絕對沒問題的，因為當這個產生器函式被呼叫時，它會執行所有的程式碼，直到遇到下一個 yield 陳述式為止。它會產生它的值，並在那裡暫停：

```
>>> seq = sequence(10)
>>> next(seq)
10
>>> next(seq)
11

>>> list(zip(sequence(), "abcdef"))
[(0, 'a'), (1, 'b'), (2, 'c'), (3, 'd'), (4, 'e'), (5, 'f')]
```

Itertools

使用可迭代物的好處是它能讓程式更融入 Python 本身，因為迭代是這個語言的關鍵元素。此外，你也可以充分利用 itertools 模組（ITER-01）。事實上，我們剛才建立的 sequence() 產生器非常類似 itertools.count()。但是我們還可以更進一步。

迭代器、產生器與 itertool 最棒的優點是它們是可組合物件，可以接在一起。

例如，回到第一個範例，當時它處理 purchases 來取得一些統計數據，如果我們想要做同樣的事情，但只處理超過指定門檻的值呢？比較沒經驗的做法是在迭代時執行條件式：

```
# ...
    def process(self):
        for purchase in self.purchases:
            if purchase > 1000.0:
                ...
```

這不但不符合 Python 風格，也很僵化（僵化是不良程式的特徵）。它無法妥善地處理變動。如果現在要改變數字呢？我們要用參數傳遞它嗎？如果我們需要多個數字呢？如果條件不一樣了（例如改成小於）？我們傳遞 lambda 嗎？

這個物件無法應對這些問題，它唯一的功能是用一串以數字來表示的購物資訊來計算一組定義好的統計數據。而且，當然，答案是否定的。做出這種改變是很大的錯誤（重述一次，簡潔的程式是靈活的，而且我們不想要讓這個物件與外部的因素耦合，因而讓它僵化）。這些需求必須在別的地方處理。

你最好讓這個物件與它的使用方保持獨立。這個類別的功能越少，它就可以讓越多使用方好好利用，因而提高它的重用機率。

我們不改變這段程式，而是讓它保持原狀，並預期這個類別的每一個使用方都會根據自己的需求來篩選新資料。

例如，當我們只想要處理金額大於 1,000 的前 10 個 purchases 時，可以這樣做：

```
>>> from itertools import islice
>>> purchases = islice(filter(lambda p: p > 1000.0, purchases), 10)
>>> stats = PurchasesStats(purchases).process()  # ...
```

這種篩選方式不會消耗記憶體，因為它們都是產生器，必定採取惰式計算。你可以想像這類似一次過濾整個集合，接著將它傳給物件，且不需要在記憶體內實際放入每一個項目。

用迭代器簡化程式

接下來我們要簡單地討論一些可以用迭代器，偶爾可以用 itertools 模組來改善的情況。在討論各種情況以及它們的優化方式之後，我們會提出一個結論。

重複的迭代

你已經知道許多關於迭代器的資訊，並瞭解 itertools 模組了，接下來要告訴你如何大幅度地簡化本章最前面的範例（計算購買資訊的統計數據那一個）：

```
def process_purchases(purchases):
    min_, max_, avg = itertools.tee(purchases, 3)
    return min(min_), max(max_), median(avg)
```

在這個範例中，itertools.tee 將原本的可迭代物拆成三個新的。我們用它們來處理各種類型的迭代，因而不需要對 purchases 重複執行三個不同的迴圈。

讀者可以驗證一下，如果我們將一個可迭代物件當成 purchases 的參數傳入，它只會被遍歷一次（拜 itertools.tee 函式之賜，見參考文獻），這就是我們主要的需求。你也可以驗證這個版本與原始的做法有沒有相同的效果。在這個例子中，我們不需要手動發出 ValueError，因為傳遞空序列給 min() 函式會發生同樣的事情。

如果你想要對著一個物件執行多次迴圈，先停下來，考慮一下 itertools.tee 可否提供幫助。

嵌套的迴圈

有時我們必須迭代多個維度來找出一個值，此時我們想到的第一種做法是使用嵌套的迴圈。但是找到值的時候，我們必須停止停止迭代，但是 break 關鍵字無法完全生效，因為我們必須跳出兩個（或更多）for 迴圈，不是只有一個。

要怎麼解決這個問題？用旗標來提示跳出？不行，或者發出例外？不行，這與使用旗標一樣，甚至更糟，因為我們知道例外不是在控制流程邏輯中使用的。將程式移往較小型的函式並回傳它？很接近，但還差一點。

答案是，可以的話，將迭代壓平成一個 for 迴圈。

這是我們不想要看到的程式：

```
def search_nested_bad(array, desired_value):
    coords = None
    for i, row in enumerate(array):
        for j, cell in enumerate(row):
            if cell == desired_value:
                coords = (i, j)
                break

        if coords is not None:
            break

    if coords is None:
        raise ValueError(f"{desired_value} not found")

    logger.info("value %r found at [%i, %i]", desired_value, *coords)
    return coords
```

這是簡化版，它不使用旗標來指示終止，而是用一個更簡單、更紮實的迭代結構：

```
def _iterate_array2d(array2d):
    for i, row in enumerate(array2d):
        for j, cell in enumerate(row):
            yield (i, j), cell

def search_nested(array, desired_value):
    try:
        coord = next(
            coord
            for (coord, cell) in _iterate_array2d(array)
```

```
                if cell == desired_value
            )
        except StopIteration:
            raise ValueError("{desired_value} not found")

    logger.info("value %r found at [%i, %i]", desired_value, *coord)
    return coord
```

請特別注意，我們建立了一個輔助產生器，當成迭代的抽象來使用。在這個例子中，我們只需要迭代兩個維度，但如果需要更多維度，我們也可用不同的物件來處理，同時使用方不需要知道這件事。這就是迭代器設計模式的精髓，它在 Python 中是很易懂的，因為 Python 自動支援迭代器物件，這種模式也是下一節要討論的主題。

盡量使用大量的抽象來簡化迭代，盡量壓平迴圈。

Python 的迭代器模式

接下來我們要稍微離開產生器，並且更深入地討論 Python 的迭代器。產生器是特殊的可迭代物件，但是 Python 的迭代功能不是只能當成產生器來使用。能夠建立好的可迭代物件，就可以建立更高效、紮實與易讀的程式碼。

我們曾經看過同時是可迭代物件與迭代器的案例，因為它們同時實作了 `__iter__()` 與 `__next__()` 魔術方法。雖然這種做法通常是沒問題的，Python 沒有嚴格規定一定要同時實作這兩個方法，不過接下來要展示可迭代物件（實作 `__iter__` 的）與迭代器（實作 `__next__` 的）的細微差異。

我們也會討論與迭代有關的其他主題，例如序列與容器物件。

迭代的介面

可迭代物是支援迭代的物件，在非常高的層面上，這意味著我們可以對它執行 `for .. in ...` 迴圈，而且它可以毫無問題地運作。但是可迭代物與迭代器是不同的。

一般來說，可迭代物只是可以迭代的東西，它要用迭代器來迭代。這代表我們要在 `__iter__` 魔術方法裡面回傳迭代器，也就是實作了 `__next__()` 方法的物件。

迭代器是當它被已討論過的內建函式 next() 呼叫時，只知道如何產生一系列值（每次一個）的物件。當迭代器沒有被呼叫的時候，它是凍結的，坐著等待下一次被呼叫，來產生下一個值。從這個意義上來說，產生器是迭代器。

Python 概念	魔術方法	注意事項
可迭代物	`__iter__`	它們與迭代器一起建構迭代邏輯。 它們可在 `for ... in ...:` 迴圈裡面迭代。
迭代器	`__next__`	定義“每次產生一個值”的邏輯。 `StopIteration` 例外代表迭代結束。 你可以用內建的 `next()` 函式每次取得一個值。

下面是個不可迭代的迭代器物件——它只可讓使用方呼叫它的值，一次一個。程式中的 sequence 只是代表一系列連續的數字，不是 Python 的序列概念，我們之後才會討論序列：

```
class SequenceIterator:
    def __init__(self, start=0, step=1):
        self.current = start
        self.step = step

    def __next__(self):
        value = self.current
        self.current += self.step
        return value
```

請注意，我們可以每次取得一個序列值，但無法迭代這個物件（這是好事情，否則會產生無窮迴圈）：

```
>>> si = SequenceIterator(1, 2)
>>> next(si)
1
>>> next(si)
3
>>> next(si)
5
>>> for _ in SequenceIterator(): pass
...
Traceback (most recent call last):
  ...
TypeError:'SequenceIterator' object is not iterable
```

錯誤訊息說得很清楚，原因是這個物件沒有實作 `__iter__()`。

我們可以將迭代放到另一個物件內，但這只是為了方便說明（重述一次，讓物件實作 `__iter__` 與 `__next__` 兩者就可以了，分開做是為了協助釐清我們想要解釋的特點）。

將序列物件做成可迭代物

之前提過，當物件實作 `__iter__()` 魔術方法時，代表它可以在 for 迴圈中使用。雖然這是很棒的功能，但是我們並非只能用這種方式來迭代。當我們編寫 for 迴圈時，Python 會試著查看物件是否實作 `__iter__`，若有，它會用它來建構迭代，若無，就會執行備案。

如果物件剛好是序列（代表它實作了 `__getitem__()` 與 `__len__()` 魔術方法），它也可以被迭代。若是如此，解譯器就會提供序列內的值，直到引發 IndexError 例外，它相當於之前的 StopIteration，也代表迭代的停止。

為了說明這個行為，我們執行下面的實驗來展示對一個數字範圍執行 map() 的序列物件：

```
# generators_iteration_2.py

class MappedRange:
    """對一個數字範圍執行轉換。"""

    def __init__(self, transformation, start, end):
        self._transformation = transformation
        self._wrapped = range(start, end)

    def __getitem__(self, index):
        value = self._wrapped.__getitem__(index)
        result = self._transformation(value)
        logger.info("Index %d: %s", index, result)
        return result

    def __len__(self):
        return len(self._wrapped)
```

請記得，這個範例的設計只是為了展示這種物件可用一般的 for 迴圈來迭代。在 `__getitem__` 方法裡面有一行 log 展示當這個物件被迭代時傳入的值，見以下的測試：

```
>>> mr = MappedRange(abs, -10, 5)
>>> mr[0]
Index 0: 10
10
>>> mr[-1]
Index -1: 4
4
>>> list(mr)
Index 0: 10
Index 1: 9
Index 2: 8
Index 3: 7
Index 4: 6
Index 5: 5
Index 6: 4
Index 7: 3
Index 8: 2
Index 9: 1
Index 10: 0
Index 11: 1
Index 12: 2
Index 13: 3
Index 14: 4
[10, 9, 8, 7, 6, 5, 4, 3, 2, 1, 0, 1, 2, 3, 4]
```

要注意的是，雖然知道這件事很有幫助，但它是當物件沒有實作 `__iter__` 時的後備機制，所以在大多數情況下，當我們想要建立適當的序列，而非只是想要迭代的物件時才會使用這些方法。

當你設計想要迭代的物件時，請優先選擇可迭代物件（含有 `__iter__`），而非剛好也可迭代的序列。

協同程序

我們知道產生器物件是可迭代物。它們實作了 `__iter__()` 與 `__next__()`。當我們寫出產生器物件函式時，Python 就自動提供一個可迭代的，或可用 `next()` 函式前往下一個元素的物件。

除了這個基本功能之外，它們也有許多的方法可讓它們當成協同程序（PEP-342）來使用。我們接下來要討論產生器如何與協同程序一起扮演非同步程式設計的基礎，接著在下一節更詳細地討論 Python 的新功能，以及和非同步程式設計有關的語法。為了支援協同程序，下面是在（PEP-342）加入的基本方法：

- `.close()`
- `.throw(ex_type[, ex_value[, ex_traceback]])`
- `.send(value)`

產生器介面的方法

這一節要介紹上面那些方法的功能、它們如何工作，以及它們的用法。藉由瞭解如何使用這些方法，我們就可以使用簡單的協同程序了。

稍後，我們會討論更高級的協同程序用法，以及如何委託子產生器（協同程序）來重構程式，以及如何安排不同的協同程序。

close()

當你呼叫這個方法時，產生器會收到 `GeneratorExit` 例外。如果它沒有被處理，產生器就會結束且不產生任何值，它的迭代也會停止。

這個例外可用來處理完成狀態。一般而言，如果協同程序負責管理資源，我們就會捕捉這個例外，並使用控制區塊來釋出協同程序掌握的所有資源。通常這種做法類似使用環境管理器或是在例外控制程式的 `finally` 區塊裡面放入程式碼，但明確地處理這個例外可以展現程式的意圖。

在下面的範例中，有一個協同程序對一個保存資料庫連結的資料庫處理物件（db_handler）執行查詢指令，用長度固定的分頁送出資料流（而不是一次讀出所有的東西）：

```
def stream_db_records(db_handler):
    try:
        while True:
            yield db_handler.read_n_records(10)
    except GeneratorExit:
        db_handler.close()
```

每一次呼叫產生器時，它都會回傳從 db_handler 取得的 10 列，但是我們也希望在明確地完成迭代並呼叫 close() 時能夠關閉資料庫連結：

```
>>> streamer = stream_db_records(DBHandler("testdb"))
>>> next(streamer)
[(0, 'row 0'), (1, 'row 1'), (2, 'row 2'), (3, 'row 3'), ...]
>>> next(streamer)
[(0, 'row 0'), (1, 'row 1'), (2, 'row 2'), (3, 'row 3'), ...]
>>> streamer.close()
INFO:...:closing connection to database 'testdb'
```

對產生器使用 close() 方法可執行收尾的工作。

throw(ex_type[, ex_value[, ex_traceback]])

這個方法會在產生器處於暫停狀態的那一行 throw（丟出）例外。如果產生器處理了被送出的例外，在那一個 except 子句裡面的程式就會被呼叫，否則例外會被傳播給呼叫方。

我們稍微修改上一個範例，來展示使用這個方法來處理協同程序處理的例外，以及不使用這個方法時的差異：

```
class CustomException(Exception):
    pass


def stream_data(db_handler):
    while True:
        try:
            yield db_handler.read_n_records(10)
        except CustomException as e:
            logger.info("controlled error %r, continuing", e)
        except Exception as e:
            logger.info("unhandled error %r, stopping", e)
            db_handler.close()
            break
```

現在接收 CustomException 是控制流程的一部分了，在這種情況下，產生器會 log 一個提示訊息（當然，我們可以視實際的商業邏輯修改它），並移往下一個 yield 陳述式，協同程序會在這一行讀取資料庫並回傳該資料。

這個範例可處理所有例外，但如果沒有最後的區塊（except Exception:），例外就會在產生器暫停（同樣是 yield）的那一行引發，並從那裡傳播給呼叫方：

```
>>> streamer = stream_data(DBHandler("testdb"))
>>> next(streamer)
[(0, 'row 0'), (1, 'row 1'), (2, 'row 2'), (3, 'row 3'), (4, 'row 4'), ...]
>>> next(streamer)
[(0, 'row 0'), (1, 'row 1'), (2, 'row 2'), (3, 'row 3'), (4, 'row 4'), ...]
>>> streamer.throw(CustomException)
WARNING:controlled error CustomException(), continuing
[(0, 'row 0'), (1, 'row 1'), (2, 'row 2'), (3, 'row 3'), (4, 'row 4'), ...]
>>> streamer.throw(RuntimeError)
ERROR:unhandled error RuntimeError(), stopping
INFO:closing connection to database 'testdb'
Traceback (most recent call last):
  ...
StopIteration
```

當產生器收到來自領域問題的例外時會繼續執行，但是當它收到其他非預期的例外時，我們會在預設區塊關閉資料庫連結並結束迭代。我們可以從 StopIteration 看到，這個產生器不會繼續迭代了。

send(value)

上一個範例建立一個簡單的產生器從資料庫讀取資料列，當我們想要完成它的迭代時，這個產生器會釋出連結資料庫的資源。這是使用產生器提供的一種方法（close）的好例子，但我們還可以做其他事情。

這個產生器顯然會從資料庫讀取固定的列數。

我們想要將這個數字（10）改成參數，以便在不同的呼叫式改變它。遺憾的是，next() 函式沒有提供這種選項。但幸運的是，我們有 send() 可用：

```
def stream_db_records(db_handler):
    retrieved_data = None
    previous_page_size = 10
    try:
        while True:
```

```
            page_size = yield retrieved_data
            if page_size is None:
                page_size = previous_page_size

            previous_page_size = page_size

            retrieved_data = db_handler.read_n_records(page_size)
    except GeneratorExit:
        db_handler.close()
```

我們讓協同程序可以透過 send() 方法從呼叫方接收值。這個方法其實是區分產生器與協同程序的方法，因為當你使用它時，代表 yield 關鍵字會在陳述式的右邊，它的回傳值會被指派給別的東西。

在協同程序中，我們經常看到 yield 關鍵字被這樣使用：

```
receive = yield produced
```

這裡的 yield 做了兩件事。它會將 produced 回傳給呼叫方，呼叫方會在下一輪迭代接收它（例如在呼叫 next() 之後），並且在那裡暫停。稍後，當呼叫方使用 send() 方法將值送回去給協同程序時，這個值會變成 yield 陳述式的結果，在這個例子會指派給變數 receive。

將值送給協同程序只有在協同程序在 yield 陳述式暫停，等待某些東西的產生時有效。為了讓這件事發生，協同程序必須前進到那個狀態，唯一方式是對它呼叫 next()。這代表在傳送任何東西給協同程序之前，協同程序必須至少用 next() 方法前進一次。若不這麼做，就會產生例外：

```
>>> c = coro()
>>> c.send(1)
Traceback (most recent call last):
 ...
TypeError: can't send non-None value to a just-started generator
```

在傳送任何值給協同程序之前，務必記得呼叫 next() 來讓協同程序前進。

回到我們的範例。我們要改變產生元素或提供元素串流的方式，讓產生器可以接收它要從資料庫讀取的紀錄長度。

當我們第一次呼叫 next() 時，產生器會前進到有 yield; 的那一行，提供一個值給呼叫方（在變數中設定的 None），並在那裡暫停。在那裡，我們有兩個選項。如果我們選擇呼叫 next() 來讓產生器前進，就會使用預設值 10，與之前一樣繼續執行。這是因為 next() 在技術上與 send(None) 一樣，但是它已經被涵蓋在之前設定來處理這個值的 if 陳述式裡面了。

另一方面，如果我們用 send(<value>) 提供一個明確的值，它會變成 yield 陳述式的結果，並且被指派給儲存頁面長度的變數，接著它會被用來讀取資料庫。

連續的呼叫可產生這個邏輯，但重點在於現在我們可以在迭代過程的任何地方動態地改變資料長度了。

知道上面的程式如何工作之後，大多數的 Python 支持者都希望能夠看到它的簡化版本（畢竟，Python 也與簡潔且紮實的程式有關）：

```
def stream_db_records(db_handler):
    retrieved_data = None
    page_size = 10
    try:
        while True:
            page_size = (yield retrieved_data) or page_size
            retrieved_data = db_handler.read_n_records(page_size)
    except GeneratorExit:
        db_handler.close()
```

這個版本不但更紮實，也更明確地陳述概念。包著 yield 的括號明確指出它是個陳述式（你可以將它當成函式呼叫式），我們拿它的結果來與之前的值做比較。

這種做法可以按照預期地運作，但是我們必須記得在傳送資料給協同程序之前先讓它前進。如果你忘了呼叫第一個 next()，就會看到 TypeError。就我們的目的而言，這個呼叫是可以忽略的，因為它不會回傳我們要用的東西。

如果我們可以在建立協同程序之後直接使用它，而不需要在每次使用它時都要記得呼叫 next() 就好了。有些作者（**PYCOOK**）設計一種有趣的裝飾器來做這件事。這個裝飾器的功能是推進協同程序，讓接下來的定義可以自動運作：

```
@prepare_coroutine
def stream_db_records(db_handler):
    retrieved_data = None
    page_size = 10
    try:
        while True:
```

```
            page_size = (yield retrieved_data) or page_size
            retrieved_data = db_handler.read_n_records(page_size)
    except GeneratorExit:
        db_handler.close()

>>> streamer = stream_db_records(DBHandler("testdb"))
>>> len(streamer.send(5))
5
```

我們舉個建立 `prepare_coroutine()` 裝飾器的例子。

更高級的協同程序

我們已經更瞭解協同程序，並且能夠建立簡單的協同程序來處理小型工作了。我們可以說，事實上，這些協同程序只是比較高級的產生器（而且“協同程序只是花俏的產生器”這句話也是對的），但是如果我們想要支援較複雜的情況，通常必須設法同時處理許多協同程序，也需要更多功能。

在處理許多協同程序時，我們會發現新問題。隨著應用程式的控制流程變得更複雜，我們也希望將值（以及例外）往程式層的上面與下面傳遞，希望能夠在任何一個程式層從子協同程序抓取值，最後執行多個協同程序來完成一個共同目標。

為了簡化工作，我們必須再次擴展產生器。這就是 PEP-380 處理的問題——改變產生器的語義來讓它們能夠回傳值，並加入新的 `yield from` 結構。

在協同程序中回傳值

本章開頭曾經談過，迭代是對一個可迭代物件呼叫 `next()` 多次直到引發 `StopIteration` 例外為止的機制。

我們已經探討產生器的迭代性質了——它會一次產生一個值，而且我們通常只在乎各個值，因為它是在 `for` 迴圈的每一步產生的。這種看待產生器的方式是很有邏輯的，但是協同程序有不一樣的概念，雖然它們在技術上都是產生器，但它們沒有迭代的概念，而是將目標放在“暫停程式的執行，稍後再恢復”上面。

這是很有趣的挑戰，當我們設計協同程序時，通常比較在乎暫停狀態，而不是迭代（且迭代協同程序是很奇怪的事情）。困難的地方在於，你很容易就將它們兩者混在一起。原因出在技術上的實作細節，Python 是用產生器來支援協同程序的。

如果我們想要用協同程序來處理一些資訊，以及暫停執行，可以將它們當成輕量級的執行緒（或綠色執行緒，因為它們是在其他的平台呼叫的）。在這種情況下，讓它們回傳值是合理的做法，就像呼叫任何其他的一般函式。

但是我們要記得，產生器不是一般的函式，所以在產生器裡面，建構式 value = generator() 只會建立 generator 物件而不會做其他事情。讓產生器回傳值的語義是什麼？它在迭代完成之後才能回傳。

當產生器回傳值時，迭代會立即停止（再也無法迭代了）。為了保留語義，StopIteration 例外仍然會被引發，而且被回傳的值會被存放在 exception 物件裡面，呼叫方要負責捕捉它。

下面的範例建立一個簡單的 generator，它會產生兩個值，接著回傳第三個。請注意我們如何捕捉例外來取得這個 value，以及這個值是如何被存放在例外的 value 屬性底下的：

```
>>> def generator():
...     yield 1
...     yield 2
...     return 3
...
>>> value = generator()
>>> next(value)
1
>>> next(value)
2
>>> try:
...     next(value)
... except StopIteration as e:
...     print(">>>>>> returned value ", e.value)
...
>>>>>> returned value 3
```

委託更小型的協同程序── yield from 語法

上一個功能很有意思，因為它為協同程序（產生器）開闢許多新的可能性，現在它們可以回傳值了。但是這種功能本身如果沒有適當的語法支援就沒有太大的用途，因為用這種方式來捕捉回傳值有點麻煩。

這就是 yield from 語法的主要功能之一。它可以收集子產生器回傳的值，也可以做其他的事情（我們將會詳細說明）。記得我們曾經說過，你可以在產生器裡面回傳資料，但遺憾的是，寫 value = generator() 這種陳述式無效嗎？嗯，將它寫成 value = yield from generator() 就可以了。

yield from 最簡單的用法

就最基本的形式而言，新語法 yield from 可用來串接產生器，將嵌套的 for 迴圈變成一個，最後會變成一個含有所有值的連續串流字串。

舉個典型的例子，我們要建立一個類似 standard 程式庫的 itertools.chain() 的函式。這是一個很棒的函式，它可讓你傳送任意數量的 iterables，而且它會用一個串流將它們一起回傳。

這是不成熟的做法：

```
def chain(*iterables):
    for it in iterables:
        for value in it:
            yield value
```

它接收可變數量的 iterables，遍歷它們全部，因為各個值都是 iterable，所以使用 for... in.. 結構，並且用另一個 for 迴圈從每一個可迭代物裡面取得每一個值，這些可迭代物是呼叫方函式產生的。在許多情況下這種做法是有幫助的，例如將產生器串起來，或試著迭代通常無法一次比較的東西（例如 tuple 串列等等）。

但是 yield from 語法可提供更好的功能並且避免嵌套迴圈，因為它可以直接從子產生器產生值。我們可以這樣簡化程式：

```
def chain(*iterables):
    for it in iterables:
        yield from it
```

請注意這兩種產生器的行為是完全相同的：

```
>>> list(chain("hello", ["world"], ("tuple", " of ", "values.")))
['h', 'e', 'l', 'l', 'o', 'world', 'tuple', ' of ', 'values.']
```

這意味著我們可以對任何其他可迭代物使用 yield from，它的功能就像個自己產生這些值的頂層產生器（yield from 使用的那個）。

它可以用於任何可迭代物，甚至產生器運算式也不例外。熟悉它的語法之後，我們來看一下怎麼寫一個簡單的產生器函式來產生一個數字的所有次方（例如，當你提供 all_powers(2, 3) 時，它會產生 2^0, 2^1,... 2^3）：

```
def all_powers(n, pow):
    yield from (n ** i for i in range(pow + 1))
```

這段程式簡化了一些語法，但節省一行 for 陳述式並不是什麼大的改善，不足以成為讓這種語言做這種改變的理由。

事實上，這只是一種副作用，下兩節會探討 yield from 結構存在的真正理由。

捕捉子產生器回傳的值

下面的範例有一個產生器呼叫另兩個嵌套的產生器以取得序列裡面的值。每一個嵌套的產生器都會回傳一個值，我們將會看到頂層的產生器如何透過 yield from 呼叫內部的產生器來有效地捕捉回傳值：

```
def sequence(name, start, end):
    logger.info("%s started at %i", name, start)
    yield from range(start, end)
    logger.info("%s finished at %i", name, end)
    return end

def main():
    step1 = yield from sequence("first", 0, 5)
    step2 = yield from sequence("second", step1, 10)
    return step1 + step2
```

這是 main 被迭代時，程式的執行情況：

```
>>> g = main()
>>> next(g)
INFO:generators_yieldfrom_2:first started at 0
0
>>> next(g)
1
>>> next(g)
2
>>> next(g)
3
>>> next(g)
4
```

```
>>> next(g)
INFO:generators_yieldfrom_2:first finished at 5
INFO:generators_yieldfrom_2:second started at 5
5
>>> next(g)
6
>>> next(g)
7
>>> next(g)
8
>>> next(g)
9
>>> next(g)
INFO:generators_yieldfrom_2:second finished at 10
Traceback (most recent call last):
  File "<stdin>", line 1, in <module>
StopIteration:15
```

main 的第一行將工作委託給內部的產生器，產生值，直接從裡面取出它們。這不是新的東西，我們已經看過它了。但是注意產生器函式 sequence() 會回傳結束值，並在第一行將它指派給 step1 變數，而且接下來的產生器實例在開始執行時正確地使用這個值。。

最後，第二個產生器也會回傳第二個結束值（10），且主產生器會回傳它們的總和（5+10=15），這就是我們在迭代結束時看到的值。

我們可以使用 yield from 在協同程序完成處理之後捕捉它的最終值。

向子產生器傳送資料與從它接收資料

接著要介紹 yield from 語法另一種很棒的用途，它應該是賦予這個語法強大威力的因素。我們在討論將產生器當成協同程序來使用時已經談過，我們可以對它們傳送值與丟出例外，而且協同程序會接收那些值並在內部處理或是相應地處理例外。

我們希望當協同程序將工作委託給另一個協同程序（例如上一個範例）時也保留這個邏輯，但是手動做這件事很麻煩（你可以在 PEP-380 裡面看到沒有用 yield from 自動處理這件事時的程式碼）。

為了說明，我們原封不動地使用上一個範例（呼叫其他的內部產生器）的頂層產生器（main），並修改內部產生器，讓它們能夠接收值與處理例外。這段程式不太符合典型寫法，其目的只是為了展示這種機制是如何運作的：

```
def sequence(name, start, end):
    value = start
    logger.info("%s started at %i", name, value)
    while value < end:
        try:
            received = yield value
            logger.info("%s received %r", name, received)
            value += 1
        except CustomException as e:
            logger.info("%s is handling %s", name, e)
            received = yield "OK"
    return end
```

接著我們要呼叫 main 協同程序，而非只是迭代它，並且對它傳值與丟出例外，看看它們在 sequence 裡面是怎麼被處理的：

```
>>> g = main()
>>> next(g)
INFO: first started at 0
0
>>> next(g)
INFO: first received None
1
>>> g.send("value for 1")
INFO: first received 'value for 1'
2
>>> g.throw(CustomException("controlled error"))
INFO: first is handling controlled error
'OK'
... # 前進更多次
INFO:second started at 5
5
>>> g.throw(CustomException("exception at second generator"))
INFO: second is handling exception at second generator
'OK'
```

這個範例展示許多不同的事情。請注意，我們從未送值給 sequence，只有送給 main，就算如此，接收這些值的程式仍然是嵌套在裡面的產生器。就算我們沒有明確地傳送任何東西給 sequence，它也會收到資料，因為資料是用 yield from 傳送的。

main 協同程序在內部呼叫兩個其他的協同程序，產生它們的值，並且會在特定的時間點在它們之一暫停。當它在第一個暫停時，log 顯示它是收到我們傳送的值的協同程序實例。當我們對它丟出例外也會發生同樣的情況。當第一個協同程序完成時，它會回傳 step1 變數的值，並將它當成輸入傳給第二個協同程序，第二個協同程序會做同樣的事情（它會相應地處理 send() 與 throw() 呼叫式）。

各個協同程序產生值的情況也是如此。在任何步驟呼叫 send() 得到的值相當於子協同程序（main 目前暫停的那一個）產生的值。當我們丟出一個例外，而且它有被處理時，sequence 協同程序會產生 OK 值，它會被傳給被呼叫方（main），最後在 main 的呼叫方結束。

非同步程式設計

透過目前為止的結構，我們可以用 Python 建立非同步程式。這意味著我們可以建立具備許多協同程序的程式，以特定順序來安排它們工作，並且在有人對著它們呼叫 yield from 而讓它們暫停時切換它們。

這種機制的主要優點是我們可以用無阻塞的方式將 I/O 操作平行化。我們需要一個可以在協同程序暫停時知道如何處理實際的 I/O 的低階產生器（通常是第三方程式庫實作的），目的是讓協同程序有效地暫停，讓我們的程式在此同時可以處理另一個工作。應用程式取回控制權的手段是透過 yield from 陳述式，它會暫停並產生一個值給呼叫方（如同我們在之前的範例中使用這個語法來修改程式的控制流程）。

這大致上就是 Python 多年來執行非同步程式的方式，直到它決定提供更好的語法支援為止。

“協同程序與產生器在技術上是同樣的東西”這個事實會產生一些混淆。在語法上（與技術上），它們是相同的，但是在語義上，它們是不同的。當我們想要執行高效的迭代時會建立產生器。建立協同程序通常是為了執行無阻塞的 I/O 操作。

雖然這個差異很明顯，但 Python 的動態性質仍然會讓開發者混合使用這些不同類型的物件，在程式的後期產生執行期錯誤。在最簡單且最基本的 yield from 語法形式中，我們曾經對可迭代物使用這個結構（我們建立一種 chain 函式來套用在字串、串列等結構上面），那些物件都不是協同程序，但仍然有效。接著，我們看到我們可以使用多個協同程序，用 yield from 來傳送值（或例外），並取回一些結果。這顯然是兩種非常不同的使用案例，但是如果我們寫出下面這種陳述式：

```
result = yield from iterable_or_awaitable()
```

將無法確定 iterable_or_awaitable 究竟回傳什麼，它可能是簡單的可迭代物，例如字串，而且它的語法仍然可能是正確的，它也有可能是個真正的協同程序，讓你以後要為這個錯誤付出代價。

因此，Python 必須擴展它的型態系統。在 Python 3.5 之前，協同程序只是套用 @coroutine 裝飾器的產生器，而且它們是用 yield from 語法來呼叫的。現在有一種特定的物件型態，也就是協同程序。

這項改變預示著語法也會發生變化。Python 加入 await 與 async def 語法。前者的目的是取代 yield from，且只能用在 awaitable 物件上（剛好是協同程序容易出現的情況）。當你試著用不遵守 awaitable 介面的東西呼叫 await 時，就會引發例外。async def 是定義協同程序的新方法，企圖取代之前的裝飾器，它其實會建立一個物件，當它被呼叫時，會回傳一個協同程序實例。

雖然我們沒有詳細地討論 Python 的非同步程式設計及其可能性，但我們可以說，雖然出現了新的語法與型態，但它們的基本概念與本章討論過的並沒有什麼差異。

Python 的非同步程式設計是用一個 event 迴圈（通常是 asyncio，因為它被納入 standard 程式庫，但也有許多其他程式庫有相同的功能）來管理一系列的協同程序。這些協同程序屬於事件迴圈，事件迴圈會根據它的排程機制來呼叫它們。當每一個協同程序執行時，它會呼叫我們的程式碼（根據我們在協同程序裡面定義的邏輯），且當我們想要把控制權交回去給事件迴圈時，會呼叫 await <coroutine>，它會非同步地處理一項工作。當那個操作執行時，事件迴圈會恢復執行，由另一個協同程序接替。

實務上還有許多特例超出本書的範圍。但是值得一提的是，那些概念與本章介紹的內容有關，而且在那些例子中，產生器也展示了它們是 Python 的核心概念，因為有許多東西是以它們為基礎來建構的。

結論

Python 到處都有產生器。因為它們在很久以前就在 Python 中出現了，事實證明它們是很棒的功能，可讓程式更有效，且讓迭代更簡單。

隨著時間的推移，以及 Python 加入更複雜的工作，產生器再次提供幫助，支援協同程序。

雖然 Python 的協同程序就是產生器，但我們同樣要記得它們在語義上是不同的。產生器是基於迭代的概念建立的，而協同程序的目的是非同步程式設計（在任何指定時間暫停部分的程式與恢復它的執行）。由於這個差異非常重要，所以它也造成 Python 語法（與型態系統）的演進。

迭代與非同步程式設計構成 Python 程式設計的最後一根主要支柱。接下來是將所有事物整合起來，並將過去幾章探討過的概念付諸實踐的時刻了。

後續的章節會說明 Python 物件的其他基本面向，例如測試、設計模式與結構。

參考文獻

以下是你可以參考的資訊：

- *PEP-234*：Iterators（`https://www.python.org/dev/peps/pep-0234/`）
- *PEP-255*：Simple Generators（`https://www.python.org/dev/peps/pep-0255/`）
- *ITER-01*：Python 的 itertools 模組（`https://docs.python.org/3/library/itertools.html`）
- *GoF*：Erich Gamma、Richard Helm、Ralph Johnson、John Vlissides 合著的 *Design Patterns: Elements of Reusable Object-Oriented Software*
- *PEP-342*：Coroutines via Enhanced Generators（`https://www.python.org/dev/peps/pep-0342/`）
- *PYCOOK*：Brian Jones、David Beazley 合著的 *Python Cookbook: Recipes for Mastering Python 3, Third Edition*
- *PY99*：Fake threads (generators, coroutines, and continuations)（`https://mail.python.org/pipermail/python-dev/1999-July/000467.html`）
- *CORO-01*：Co Routine（`http://wiki.c2.com/?CoRoutine`）
- *CORO-02*：Generators Are Not Coroutines（`http://wiki.c2.com/?GeneratorsAreNotCoroutines`）
- *TEE*：`itertools.tee` 函式（`https://docs.python.org/3/library/itertools.html#itertools.tee`）

8

單元測試與重構

本章介紹的概念是這本書的根本支柱，因為它對我們的終極目標：編寫更好且更容易維護的軟體而言極其重要。

單元測試（與任何形式的自動測試）對軟體的易維護性至關重要，任何高品質的專案都不能忽視它。正是出於這個原因，本章要專門討論自動化測試的各個層面，將它當成主要手段來安全地修改程式，逐漸使用更好的版本來取代原有版本。

看完本章之後，你會更瞭解以下的觀念：

- 為什麼自動測試對採取敏捷軟體開發法的專案特別重要
- 單元測試如何啟發程式品質的改善
- 有哪些框架與工具可用來開發自動測試與設定有品質的閘門
- 利用單元測試來更深入瞭解領域問題以及將程式文件化
- 與單元測試有關的概念，例如測試驅動開發

設計原理與單元測試

本節要先從概念的角度來討論單元測試。我們會回顧之前談過的一些軟體工程原則，來瞭解它與簡潔的程式有什麼關係。

接下來，我們會更詳細地討論如何實際運用這些概念（在程式層面上），以及有哪些框架和工具可以使用。

首先，我們簡單地定義單元測試是什麼。單元測試是負責驗證其他程式的程式。大家通常都會忍不住說：單元測試的功能，就是驗證應用程式的“核心”，這種說法將單元測試放到次要的位置，這不是本書看待它們的方式。單元測試也是軟體的核心與重要的元件，它們應該受到等同於商業邏輯的待遇。

單元測試程式會匯入部分含有商業邏輯的程式碼並執行它的邏輯，演練幾種情況來確保某些條件的發生。單元測試有一些必備的特性，例如：

- 隔離性：單元測試應該與任何其他外部的代理程式完全分開，且只能將焦點放在商業邏輯上。因此，它們不能連接資料庫、不能執行 HTTP 請求等等。隔離也代表測試程式之間是獨立的：它們必須能夠按照任何順序執行，不依賴之前的任何狀態。
- 效能：單元測試必須快速執行。它們的目的是為了被重複執行多次。
- 自我驗證：執行單元測試就會決定它的結果，不需要用額外的步驟來解釋單元測試（更不需要手冊）。

更具體地說，對 Python 而言，我們會在新的 `*.py` 檔案裡面放入單元測試程式，並且用某些工具呼叫它們。我們會在這些檔案裡面編寫測試程式，且這些檔案會用 `import` 陳述式從（我們想要測試的）商業邏輯取得需要的東西，再用工具來收集單元測試並執行它們，產生結果。

最後是自我驗證的步驟。當工具呼叫檔案時就會啟動一個 Python 程序，讓我們的測試在上面運行。如果測試失敗了，這個程序會在退出時產生錯誤碼（在 Unix 環境，它是 `0` 之外的任何數字）。標準的程序是：工具執行測試，並且為每一個成功的測試印出一個句點（`.`），為失敗的測試印出 `F`（測試的條件不滿足），出現例外時印出 `E`。

關於其他形式的自動測試

單元測試的目的是驗證非常小型的單元，例如函式或方法。我們希望透過單元測試來瞭解非常細微的程式，測試越多程式越好。我們不會使用單元測試來測試類別，而是使用測試套件，它是單元測試的集合。集合的每一個測試都會測試較具體的東西，例如該類別的方法。

單元測試並非只有這種形式，它也無法捕捉每一個可能的錯誤。其他的形式包括允收（acceptance）與整合測試，它們都超出本書的範圍。

整合測試會一次測試多個元件，驗證它們可不可以一起如同預期般地工作。此時我們可以接受副作用（甚至可能是想要看到的），而且為了移除隔離，我們會發出 HTTP 請求、連接資料庫等等。

允收測試是一種自動測試，它會試著以使用者的角度驗證系統，通常是執行使用案例。

後兩種測試沒有單元測試的一種優點：速度。你可以想像，它們要花更多時間來執行，因此執行的頻率較低。

在良好的開發環境中，程式員有完整的測試套件，也會在修改程式、迭代、重構時不斷重複執行單元測試。一旦修改完成，打開 pull request，持續整合服務就會對那個分支執行組建，只要有整合或允收測試，也會對它執行單元測試。無需多言，你只能在組建狀態成功（綠色）時合併，但這裡的重點是測試類型的差異：我們希望隨時執行單元測試，但以較低的頻率執行耗時較久的測試。因此，我們會使用大量的單元測試以及一些自動化測試，有策略地設計它們來盡量涵蓋單元測試無法觸及的地方（例如資料庫）。

最後，給聰明的你一個建議，請記得本書鼓勵實用主義。除了以上的定義，以及本節開頭的單元測試要點之外，根據你的標準和實際情況來設計最佳解決方案才是最重要的事情，因為沒有人比你還要瞭解你的系統。這意味著，如果出於某些原因讓你必須編寫需要啟動 Docker 容器來測試資料庫的單元測試，那就放手去做。這就如同本書不斷提到的一句話：**實用性優於純粹性**。

單元測試與敏捷軟體開發

在現代的軟體開發中，我們希望能夠持續提供價值，越快越好。這些目標背後的原因是越早獲得回饋，衝擊就越小，而且改變就越容易。它們不是什麼新概念，有些甚至來自幾十年前的製造原則，有些（例如盡快從利害關係人獲得回饋，並依此改善）可從 *The Cathedral and the Bazaar*（它的縮寫是 *CatB*）之類的論文中找到。

因此，我們希望能夠有效回應變動，為此，我們寫的軟體就必須改變。正如前幾章談過的，我們希望軟體具備適應性、靈活性與擴展性。

程式本身（無論我們設計或寫得多好）無法保證其靈活性足以反應變動。假如我們按照 SOLID 原則設計了一個軟體，而且有一組元件遵守開閉原則，這就代表我們可以輕鬆地擴展它們且不會影響太多既有的程式。我們可以進一步假設這段程式的寫法有利於重構，所以可以在必要時改變它。你可以說當我們做這些改變時不會加入任何 bug 嗎？我們怎麼知道既有的功能仍然維持正常？你有足夠的信心將它送給使用者嗎？他們相信這個新版本可以按照預期地動作嗎？

關於以上的問題，答案是除非有一個正式的證明，否則我們都無法真正確定。單元測試就是根據規格證實程式可以運作的正式證明。

因為，單元（或自動化）測試是一張安全網，可讓我們有信心地處理程式碼。具備這些工具之後，我們可以有效率地編寫程式，因此它徹底決定團隊開發軟體的速度（或能力）。測試越好，我們越有可能快速傳遞價值，而不會經常被 bug 拖累。

單元測試與軟體設計

主程式與單元測試是一體兩面，原因除了前一節談到的務實因素之外，好的軟體也是可測試的軟體。**可測試性**（衡量軟體多麼容易測試的品質屬性）不但是應該擁有的好特性，也是驅動簡潔程式的要素。

單元測試不僅是與主基礎程式互補的東西，也是直接衝擊與實際影響我們如何編寫程式的機制。它有許多階段，從最初發現必須為部分的程式加入單元測試，因而必須修改它（產生更好的版本），到採取**測試驅動設計**後，整體的程式（設計）被測試影響之後產生的最終表達方式（在本章結尾討論）。

我們從一個簡單的範例開始，你可以從這個小型的使用案例看到它的測試（以及測試程式需要的東西）如何改善最終的程式。

下面的範例將模擬一個流程，這個流程會向外部的系統傳送與每一個工作結果有關的度量指標（一如既往，只要我們把焦點放在程式碼，細節不會造成任何差異）。我們有個代表領域問題之中的某項工作的 `Process` 物件，而且它使用一個 `metrics` 使用方（外部依賴項目，因此是我們無法控制的東西）來傳送實際的度量指標給外部的實體（舉例，可能是傳送資料給 `syslog` 或 `statsd`）：

```
class MetricsClient:
    """第三方度量指標使用方"""

    def send(self, metric_name, metric_value):
        if not isinstance(metric_name, str):
```

```
            raise TypeError("expected type str for metric_name")

        if not isinstance(metric_value, str):
            raise TypeError("expected type str for metric_value")

        logger.info("sending %s = %s", metric_name, metric_value)


class Process:

    def __init__(self):
        self.client = MetricsClient() # 第三方度量指標使用方

    def process_iterations(self, n_iterations):
        for i in range(n_iterations):
            result = self.run_process()
            self.client.send("iteration.{}".format(i), result)
```

在模擬版的第三方使用方，我們放入一個需求，要求收到的參數必須是字串型態，因此，如果 run_process 方法的 result 不是字串，我們就將它視為失敗，事實上也是如此：

```
Traceback (most recent call last):
...
    raise TypeError("expected type str for metric_value")
TypeError: expected type str for metric_value
```

請記得，這個驗證不是我們能控制的，我們無法改變程式，所以必須提供型態正確的參數給這個方法才能繼續下去。但是因為我們發現這個 bug 了，所以要先編寫一個單元測試來確保它不會再度發生。我們做這件事來實際證明這個問題已經被修正了，並預防未來再度出現這個 bug，無論這段程式被重構幾次。

我們也可以藉由模擬 Process 物件的使用方來按照實際情況測試程式（當我們討論單元測試工具時，會在討論模擬物件的小節看到做法），但是這種做法需要執行超乎需求的程式碼（請注意我們想要測試的部分被嵌在程式裡面的情況）。此外，這個方法比較小是件好事，因為若非如此，測試可能需要執行更多需要模擬但我們不想要執行的部分。這是與可測試性有關的另一個良好設計範例（小型、內聚的函式或方法）。

最後，我們想要避免麻煩，只想要測試需要測試的部分，所以不會在 main 方法裡面直接與 client 互動，而是委託給 wrapper 方法，新的類別長這樣：

```
class WrappedClient:

    def __init__(self):
        self.client = MetricsClient()

    def send(self, metric_name, metric_value):
        return self.client.send(str(metric_name), str(metric_value))

class Process:
    def __init__(self):
        self.client = WrappedClient()
    ... # 其餘程式保持不變
```

在這個例子中，我們選擇建立自己的度量指標 client 版本，也就是將之前的第三方程式庫的那一個包起來。為此，我們加入一個類別（有相同的介面）來相應地轉換型態。

這種使用組合的做法類似配接器（adapter）設計模式（下一章會討論設計模式，現在只是先告訴你這件事），因為它是在領域中的新物件，所以可以擁有它的單元測試。加入這個物件會讓測試更簡單，更重要的是，我們看到它之後，發現或許程式原本就應該這樣寫。為程式編寫單元測試可讓我們發現之前完全錯過了重要的抽象！

將方法按原本該有的樣子分開之後，我們來為它編寫實際的單元測試。我們會在討論測試工具與程式庫時更詳細說明這個範例使用的 unittest 模組，不過先閱讀這段程式可讓我們大概知道如何測試它，也可以讓之前談到的概念不那麼抽象：

```
import unittest
from unittest.mock import Mock

class TestWrappedClient(unittest.TestCase):
    def test_send_converts_types(self):
        wrapped_client = WrappedClient()
        wrapped_client.client = Mock()
        wrapped_client.send("value", 1)

        wrapped_client.client.send.assert_called_with("value", "1")
```

Mock 是 unittest.mock 模組提供的型態，它是一個很方便的物件，可用來詢問各種事情。例如，在這個例子中，我們用它來取代第三方程式庫（模擬系統的邊界，下一節說明）來檢查它是否如預期地被呼叫（重述一下，我們不是在測試程式庫，而是在測試它有沒有被正確地呼叫）。請注意我們像 Process 物件一樣進行呼叫，但期望參數被轉換成字串。

定義測試目標的邊界

測試需要付出勞力。如果我們沒有謹慎地決定要測試什麼東西，就永遠無法停止測試，辛勤地付出只獲得少量的回報。

我們應該將測試範圍限定在程式碼的邊界上。若非如此，就還要測試程式的依賴項目（外部 / 第三方程式庫或模組），接著還要測試它們的依賴項目，以此類推，邁向永無止境的旅程。測試依賴項目不是我們的責任，我們可以假設那些專案已經自行測試過了。我們只要測試是否用正確的參數來正確地呼叫外部依賴項目就夠了（用 patch 來做也是可接受的），不應該投入更多精力。

這是優良的軟體設計帶來的另一種回報。如果我們在設計時夠謹慎，並且明確地定義系統的邊界（也就是把焦點放在介面的設計上，因而反轉與外部元件的依賴關係，以減少實際的耦合，而不是把焦點放在會變動的具體實作上），在編寫單元測試時就更容易模擬這些介面。

在良好的單元測試中，我們想要把注意力放在想要演練的核心功能上。我們不會測試外部程式庫（例如用 pip 安裝的第三方工具），而是會檢查它們是否被正確地呼叫。當我們在本章稍後討論 mock 物件時，會回顧執行這些類型的斷言的技術與工具。

測試框架與工具

我們有很多工具可以用來編寫單元測試，它們各有優缺點，並且適合各種不同的用途。但是有兩種工具能夠涵蓋幾乎每一種情況，因此這一節只會介紹它們。

除了測試框架與測試執行程式庫之外，很多專案也設置了代碼覆蓋率，將它當成品質的度量指標。因為覆蓋率（當成度量指標來使用時）有誤導性，我們會在說明如何建立單元測試之後，討論為何不能對它掉以輕心。

單元測試的框架與程式庫

這一節要討論兩種用來編寫與執行單元測試的框架。第一種，unittest，是 Python 的標準程式庫提供的，而第二種，pytest，必須透過 pip 從外部安裝。

- unittest: https://docs.python.org/3/library/unittest.html
- pytest: https://docs.pytest.org/en/latest/

如果我們只想要涵蓋我們的程式的測試情境，unittest 本身應該就夠用了，因為它有大量的輔助程式。但是如果你的系統很複雜，有許多依賴項目、會連接外部系統，而且可能有 patch 物件、並且有定義夾具（fixture）參數化測試案例的需求，pytest 應該是比較完整的選項。

我們要用一個小型的範例程式來告訴你如何用這兩種選項來測試它，最終讓你瞭解它們之間的差異。

這個用來展示測試工具的範例是個簡單的版本控制工具，它可以在有人提出合併請求時提供程式碼審查功能。我們從以下的準則開始：

- 如果至少有一個人不同意更改，合併請求就會被 rejected（拒絕）
- 如果沒有人反對，而且至少有兩位其他的開發者認為這個合併請求很好，它就會 approved（被批准）。
- 在任何其他情況下，它的狀態是 pending（未定）

這是程式的樣子：

```
from enum import Enum

class MergeRequestStatus(Enum):
    APPROVED = "approved"
    REJECTED = "rejected"
    PENDING = "pending"

class MergeRequest:
    def __init__(self):
        self._context = {
            "upvotes": set(),
            "downvotes": set(),
        }

    @property
```

```
    def status(self):
        if self._context["downvotes"]:
            return MergeRequestStatus.REJECTED
        elif len(self._context["upvotes"]) >= 2:
            return MergeRequestStatus.APPROVED
        return MergeRequestStatus.PENDING

    def upvote(self, by_user):
        self._context["downvotes"].discard(by_user)
        self._context["upvotes"].add(by_user)

    def downvote(self, by_user):
        self._context["upvotes"].discard(by_user)
        self._context["downvotes"].add(by_user)
```

unittest

unittest 模組是很適合用來開始編寫單元測試的工具，因為它提供了豐富的 API 可編寫各式各樣的測試條件，而且由於它是標準程式庫提供的，所以非常通用與方便。

unittest 模組是以 JUnit（來自 Java）的概念為基礎，JUnit 又是建立在 Smalltalk 的單元測試原始概念的基礎上，所以它具備物件導向的性質。因此，我們用物件來編寫測試，用方法來驗證檢查，通常會在類別裡面按照各種情況將測試分組。

要開始編寫單元測試，我們必須建立繼承 unittest.TestCase 的測試類別，並定義我們想要對它的方法施加的條件。這些方法的名稱開頭必須是 test_*，它們可以在內部使用來自 unittest.TestCase 的任何方法來檢查必須保持正確的條件。

下面是驗證我們的案例的一些條件範例：

```
class TestMergeRequestStatus(unittest.TestCase):

    def test_simple_rejected(self):
        merge_request = MergeRequest()
        merge_request.downvote("maintainer")
        self.assertEqual(merge_request.status, MergeRequestStatus.REJECTED)

    def test_just_created_is_pending(self):
        self.assertEqual(MergeRequest().status, MergeRequestStatus.PENDING)

    def test_pending_awaiting_review(self):
        merge_request = MergeRequest()
        merge_request.upvote("core-dev")
```

```
        self.assertEqual(merge_request.status, MergeRequestStatus.PENDING)

    def test_approved(self):
        merge_request = MergeRequest()
        merge_request.upvote("dev1")
        merge_request.upvote("dev2")

        self.assertEqual(merge_request.status, MergeRequestStatus.APPROVED)
```

單元測試的 API 提供許多好用的比較方法，最常見的是 assertEquals(<actual>, <expected>[, message])，你可以用它來比較操作的結果與我們預期的值，也可以在錯誤情況下顯示訊息。

另一種實用的測試方法可讓我們檢查某個例外是否被引發。當某個異常狀況發生時，我們會在程式中發出一個例外來避免程式在錯誤的假設下繼續執行下去，也會通知呼叫方這次的呼叫在執行時發生了某些錯誤。這是絕對必須測試的邏輯，也是這個方法的對象。

假如我們要進一步擴展邏輯，關閉他們的合併請求，而且當這件事發生時，我們不想要再讓人投票了（當合併請求已被關閉時，評估那個合併請求就沒意義了）。為了防止有人投票，我們擴展程式，當有人試著對一個已關閉的合併請求進行投票時，就發出一個例外。

我們在加入兩個新狀態（OPEN 與 CLOSED）與新的 close() 方法之後，修改之前關於投票的方法，讓它們先做這項檢查：

```
class MergeRequest:
    def __init__(self):
        self._context = {
            "upvotes": set(),
            "downvotes": set(),
        }
        self._status = MergeRequestStatus.OPEN

    def close(self):
        self._status = MergeRequestStatus.CLOSED

    ...
    def _cannot_vote_if_closed(self):
        if self._status == MergeRequestStatus.CLOSED:
            raise MergeRequestException("can't vote on a closed merge
            request")
```

```
    def upvote(self, by_user):
        self._cannot_vote_if_closed()

        self._context["downvotes"].discard(by_user)
        self._context["upvotes"].add(by_user)

    def downvote(self, by_user):
        self._cannot_vote_if_closed()

        self._context["upvotes"].discard(by_user)
        self._context["downvotes"].add(by_user)
```

接下來我們想要檢查這個驗證的確有效。因此，我們要使用 asssertRaises 與 assertRaisesRegex 方法：

```
    def test_cannot_upvote_on_closed_merge_request(self):
        self.merge_request.close()
        self.assertRaises(
            MergeRequestException, self.merge_request.upvote, "dev1"
        )

    def test_cannot_downvote_on_closed_merge_request(self):
        self.merge_request.close()
        self.assertRaisesRegex(
            MergeRequestException,
            "can't vote on a closed merge request",
            self.merge_request.downvote,
            "dev1",
        )
```

前者預期用引數（*args 與 **kwargs）來呼叫以第二個引數傳入的可呼叫物時會發出傳入的例外，若非如此，它就會失敗，並且指出這個應該引發的例外沒有引發。後者做同樣的事情，但是它也檢查例外有被引發，裡面有和"以參數傳入的正規表達式"匹配的訊息。就算例外引發了，當訊息不同時（不匹配正規表達式），這項測試就會失敗。

當你試著額外檢查錯誤訊息，而不是完全根據例外來判斷時，可以更準確地確保它真的是我們希望引發的例外，因為偶爾也會有同樣類型的其他例外闖入。

參數測試

接下來我們想要測試合併請求的接受門檻是否有效，我們只要提供長得像 context 的資料樣本就可以了，不需要用到整個 MergeRequest 物件。我們想要測試檢查狀態是否關閉那一行程式之後的 status 特性，但是是做獨立的測試。

最佳的做法是將那個元件分到另一個類別，使用組合，接著用那個新抽象自己的測試套件來測試：

```
class AcceptanceThreshold:
    def __init__(self, merge_request_context: dict) -> None:
        self._context = merge_request_context

    def status(self):
        if self._context["downvotes"]:
            return MergeRequestStatus.REJECTED
        elif len(self._context["upvotes"]) >= 2:
            return MergeRequestStatus.APPROVED
        return MergeRequestStatus.PENDING


class MergeRequest:
    ...
    @property
    def status(self):
        if self._status == MergeRequestStatus.CLOSED:
            return self._status

        return AcceptanceThreshold(self._context).status()
```

修改之後，我們再次執行測試並確定它們通過了，代表這個小型的重構並未損壞任何當前的功能（單元測試可確保迴歸）。完成這項工作之後，我們可以繼續朝著目標前進，編寫新類別專用的測試：

```
class TestAcceptanceThreshold(unittest.TestCase):
    def setUp(self):
        self.fixture_data = (
            (
                {"downvotes": set(), "upvotes": set()},
                MergeRequestStatus.PENDING
            ),
            (
                {"downvotes": set(), "upvotes": {"dev1"}},
```

```
                MergeRequestStatus.PENDING,
            ),
            (
                {"downvotes": "dev1", "upvotes": set()},
                MergeRequestStatus.REJECTED
            ),
            (
                {"downvotes": set(), "upvotes": {"dev1", "dev2"}},
                MergeRequestStatus.APPROVED
            ),
        )

    def test_status_resolution(self):
        for context, expected in self.fixture_data:
            with self.subTest(context=context):
                status = AcceptanceThreshold(context).status()
                self.assertEqual(status, expected)
```

我們在 setUp() 方法裡面定義資料夾具（fixture），以便在測試的過程中使用。這個例子其實不需要它，因為我們也可以直接將它放在方法裡面，但如果我們希望在執行任何測試之前先執行一些程式的話，這裡就是編寫它的地方，因為這個方法會在每一個測試執行之前被呼叫一次。

這段新版的程式可讓被測試的程式碼的參數更簡潔且更紮實，而且在各種情況下，它都會回報結果。

為了模擬執行所有的參數，測試會迭代所有的資料，並用各種實例演練程式。這裡使用一個有意思的輔助程式，subTest 來標記被呼叫的測試條件。如果其中一個迭代失敗了，unittest 會回報它以及傳給 subTest 的變數的值（在這裡，它稱為 context，但是任何關鍵字引數系列都有相同效果）。例如，錯誤的訊息可能長得像：

```
FAIL: (context={'downvotes': set(), 'upvotes': {'dev1', 'dev2'}})
----------------------------------------------------------------------
Traceback (most recent call last):
  File "" test_status_resolution
    self.assertEqual(status, expected)
AssertionError: <MergeRequestStatus.APPROVED: 'approved'> !=
<MergeRequestStatus.REJECTED: 'rejected'>
```

如果你選擇將測試參數，試著盡量提供更多資訊給各個參數實例的 context，以方便除錯。

pytest

pytest 是很棒的測試框架，可以用 pip install pytest 來安裝。它與 unittest 的其中一個差異在於，雖然它仍然可以用類別來分類測試情境以及建立測試的物件導向模型，但是你不一定要採取這種做法。而且它可以讓我們只要使用 assert 陳述式就可以檢查想要驗證的條件，因此可以用較少的 boilerplate 來編寫單元測試。

在預設情況下，pytest 只要用 assert 陳述式來做比較就可以驗證單元測試的結果並加以回報了。它也提供了上一節的那些高級功能，但需要使用特定的函式。

pytest 有一個很棒的功能是，你可以使用 pytests 來執行它發現到的所有測試，就算它們是用 unittest 寫成的。這種相容性可讓你更輕鬆地從 unittest 逐漸轉換到 pytest。

使用 pytest 的基本測試案例

上一節測試的條件可以用 pytest 改寫成簡單的函式。

以下是一些含有簡單的斷言的範例：

```
def test_simple_rejected():
    merge_request = MergeRequest()
    merge_request.downvote("maintainer")
    assert merge_request.status == MergeRequestStatus.REJECTED

def test_just_created_is_pending():
    assert MergeRequest().status == MergeRequestStatus.PENDING

def test_pending_awaiting_review():
    merge_request = MergeRequest()
    merge_request.upvote("core-dev")
    assert merge_request.status == MergeRequestStatus.PENDING
```

我們只要用一個簡單的 assert 陳述式就可以做布林相等比較了，至於其他類型的檢查，例如檢查例外，就需要用一些函式：

```
def test_invalid_types():
    merge_request = MergeRequest()
    pytest.raises(TypeError, merge_request.upvote, {"invalid-object"})

def test_cannot_vote_on_closed_merge_request():
    merge_request = MergeRequest()
    merge_request.close()
```

```
    pytest.raises(MergeRequestException, merge_request.upvote, "dev1")
    with pytest.raises(
        MergeRequestException,
        match="can't vote on a closed merge request",
    ):
        merge_request.downvote("dev1")
```

在這個例子中，pytest.raises 相當於 unittest.TestCase.assertRaises，它也可以被當成方法與環境管理器來呼叫。當你想要檢查例外的訊息而不是不同的方法（例如 assertRaisesRegex）時也可以使用同一個函式，但是要將它當成環境管理器，並提供想要確定的表達式給 match 參數。

pytest 也會將原始的例外包在可預期的自訂例外裡面（舉例來說，藉由檢查它的一些屬性，例如 .value）讓我們可以檢查更多條件，但是我們使用這個函式的方式已涵蓋大部分的情況了。

參數測試

當你執行參數測試時，pytest 是比較好的選項，原因不但是它提供更簡潔的 API，也因為用參數來組合各種測試可產生新的測試案例。

為了執行這種測試，我們必須對測試程式套用 pytest.mark.parametrize 裝飾器。裝飾器的第一個參數是傳給 test 函式的參數名稱字串，第二個參數是存有這些參數的值的可迭代物。

請注意，測試函式的內文已經減為一行了（移除內部的 for 迴圈以及嵌套的環境管理器之後），且各個測試案例的資料已經與函式的內文正確地隔離了，讓它更易於擴展與維護：

```
@pytest.mark.parametrize("context,expected_status", (
    (
        {"downvotes": set(), "upvotes": set()},
        MergeRequestStatus.PENDING
    ),
    (
        {"downvotes": set(), "upvotes": {"dev1"}},
        MergeRequestStatus.PENDING,
    ),
    (
        {"downvotes": "dev1", "upvotes": set()},
        MergeRequestStatus.REJECTED
    ),
```

```
    (
        {"downvotes": set(), "upvotes": {"dev1", "dev2"}},
        MergeRequestStatus.APPROVED
    ),
))
def test_acceptance_threshold_status_resolution(context, expected_status):
    assert AcceptanceThreshold(context).status() == expected_status
```

使用 @pytest.mark.parametrize 來消除重複，盡量讓測試的內文保持內聚性，並明確地表示程式碼必須提供的參數（測試輸入或情境）。

夾具

pytest 的一大亮點在於它可以促使我們建立可重複使用的功能，以便將資料或物件傳入測試程式來更有效地測試且避免重複。

例如，我們可能想要建立一個在特定狀態之下的 MergeRequest 物件，並且在多個測試中使用那個物件。我們可建立一個函式並套用 @pytest.fixture 裝飾器來將物件定義成夾具。如果測試程式想要使用這個夾具，它的參數的名稱必須與我們定義的函式一樣，且 pytest 會確保如此：

```
@pytest.fixture
def rejected_mr():
    merge_request = MergeRequest()

    merge_request.downvote("dev1")
    merge_request.upvote("dev2")
    merge_request.upvote("dev3")
    merge_request.downvote("dev4")

    return merge_request

def test_simple_rejected(rejected_mr):
    assert rejected_mr.status == MergeRequestStatus.REJECTED

def test_rejected_with_approvals(rejected_mr):
    rejected_mr.upvote("dev2")
    rejected_mr.upvote("dev3")
    assert rejected_mr.status == MergeRequestStatus.REJECTED
```

```
def test_rejected_to_pending(rejected_mr):
    rejected_mr.upvote("dev1")
    assert rejected_mr.status == MergeRequestStatus.PENDING

def test_rejected_to_approved(rejected_mr):
    rejected_mr.upvote("dev1")
    rejected_mr.upvote("dev2")
    assert rejected_mr.status == MergeRequestStatus.APPROVED
```

測試程式會影響主程式碼，所以簡潔程式的原則也適用於它們。在這個例子中，之前的章節談過的 **Don't Repeat Yourself（DRY）**原則再度出現了，我們可以藉由 pytest 夾具來做到這一點。

除了建立多個物件或公開測試套件將會使用的資料之外，你也可以用它們來設定一些條件，例如，全面性地 patch 一些函式讓它們不被呼叫，或是 patch 一些物件來改成使用它們。

代碼覆蓋率

測試執行器支援覆蓋率外掛（用 pip 安裝），它可以提供“執行測試時，有哪幾行程式被執行了”這種實用的資訊。這項資訊有很大的用途，我們可以用它來得知測試涵蓋了哪部分的程式，以及從中得知應做哪些改善（無論是在成品的程式或是測試程式裡面）。在這類的程式庫中，最常用的一種是 coverage（https://pypi.org/project/coverage/）。

雖然它們有很大的幫助（而且我們強烈建議你使用它們，並設置你的專案，讓它在測試執行時，在 CI 中執行 coverage），但它們也會產生誤導，特別是在 Python 中，如果我們沒有仔細閱讀覆蓋率報告的話，可能會產生錯誤的印象。

設定 rest 覆蓋率

若要使用 pytest，你必須安裝 pytest-cov 套件（在寫這本書時，本書使用的是 2.5.1 版）。安裝後，當測試執行時，我們必須告訴 pytest 執行器 pytest-cov 也會執行，以及應涵蓋哪一個或哪些套件（及其他的參數與組態）。

這個套件支援多種組態，例如各種輸出格式，而且很容易就可以和任何 CI 工具整合，但是在這些功能中，有一個強烈建議選取的選項就是設定“告訴我們哪幾行尚未被測試程式覆蓋”的旗標，因為它就是協助我們診斷程式，並讓我們編寫更多測試的東西。

為了讓你看一個範例，請使用下面的命令：

```
pytest \
    --cov-report term-missing \
    --cov=coverage_1 \
    test_coverage_1.py
```

這會產生類似這樣的輸出：

```
test_coverage_1.py ................ [100%]
----------- coverage: platform linux, python 3.6.5-final-0 -----------
Name          Stmts Miss Cover Missing
---------------------------------------------
coverage_1.py 38      1   97%    53
```

它告訴我們有一行程式沒有做單元測試，所以我們可以看看它，瞭解如何為它編寫單元測試。為了涵蓋幾行錯過的程式，我們經常必須重構程式碼，建立更小型的方法。這會讓程式看起來更好，如同本章開頭展示的範例。

問題出在相反的情況——我們可以相信高覆蓋率嗎？這代表我們的程式正確嗎？遺憾的是，擁有良好的測試覆蓋率是必須的，但不足以表示我們有簡潔的程式。沒有測試部分的程式碼顯然是件壞事。擁有測試的確很好（對於實際存在的測試我們可以這樣說），這也能夠確保那部分的程式在實際條件下的品質。但是你不能說只要有高測試覆蓋率就夠了，除了有高覆蓋率之外，你還需要更多測試。

它們都是關於測試覆蓋率的注意事項，下一節會繼續討論。

測試覆蓋率的注意事項

Python 是解譯語言，而且在相當高的層面上，覆蓋率工具會在執行測試時用它來辨識被解譯（執行）的程式行，最後提出報告。一行程式有被解譯不代表它已經被妥善地測試了，這就是我們應謹慎地閱讀最終的覆蓋率報告，且不要隨便相信它的原因。

對任何語言來說都是如此。一行程式有被演練過絕不代表它已經被施加所有可能的組合。所有的分支都使用它們收到的資料並且成功地執行只代表程式碼支援那種組合，不代表任何其他的參數組合不會讓程式崩潰。

你可以使用覆蓋率來找出程式的盲點，但不要將它當成度量指標或最終目標。

模擬物件

有時我們的程式碼不是唯一要在測試環境中呈現的東西。畢竟我們設計與組建的系統必須做一些實際的工作，通常這代表連接外部的服務（資料庫、儲存服務、外部API、雲端服務等等）。因為它們必須有這些副作用，所以它們是不可避免的。儘管我們已經將程式碼抽象化，在編寫程式時特別注意介面，以及將程式碼與外部因素隔離來盡量減少副作用，但它們也會在測試中出現，我們要用有效的手段來處理它。

Mock 物件是防禦不想要的副作用的最佳手段之一。我們的程式碼可能需要執行 HTTP 請求或傳送通知 email，但我們絕對不希望它們在單元測試中發生。此外，單元測試必須快速執行，因為我們希望能夠經常執行它們（事實上是隨時執行），這意味著我們無法接受延遲。因此，真正的單元測試不會使用任何實際的服務——它們不會連接任何資料庫、不發出 HTTP 請求，而且基本上，它們只會演練成品的邏輯。

我們需要執行這些工作的測試程式，但它們不是單元測試。整合測試的目的是用更廣泛的角度來測試功能，幾乎等於模仿使用者的行為。但它的速度不快。因為它們會連接外部系統與服務，所以執行時間較久，且成本較高。一般來說，我們希望有許多執行速度飛快的單元測試，以便隨時執行它們，以及執行頻率較低的整合測試（例如在每次有新的合併請求時）。

雖然模擬物件很實用，但是濫用它們會導致代碼異味與反模式，這是在仔細說明它們之前要先注意的地方。

關於 patch 與模擬物件的警告

之前提過，單元測試可協助寫出更好的程式，但是當我們想要測試部分的程式時，通常必須將它們寫成可測試的，這通常意味著它們也是內聚、細緻且小型的。這些都是好的軟體元件的特徵。

另一個有趣的好處是，測試可協助我們在原本認為正確的部分聞到代碼異味。程式有代碼異味的主要跡象之一就是我們發現自己只為了一個簡單的測試案例而試著 monkey-patch（或模擬）許多不同的地方，

`unittest` 模組提供一種 patch 物件的工具，`unittest.mock.patch`。"patch" 就是將原始的程式碼（用一個字串來代表它的位置來指定）換成別的東西，當成預設的模擬物件。這會在執行期替換程式碼，它有一個缺點在於，它會讓我們失去與最初存在的原始程式的聯繫，讓測試變得較淺。因為它會在執行期對解譯器裡面的物件強行修改，所以它也有效能上的問題，而且如果我們重構程式碼並將東西到處搬動的話，它們也是需要更改的對象。

在測試中使用 monkey-patching 或模擬物件或許是可行的做法，但是只能在它本身沒有問題的情況下這樣做。但是當你濫用 monkey-patching 時，代表程式裡面有某些東西需要修改了。

使用模擬物件

在單元測試術語中，有許多物件都屬於**測試替身（test double）**這個分類。我們會因為各種不同的原因在測試套件中使用測試替身來取代真實的物件（可能是因為我們不需要實際的成品程式，只要用虛擬物件就可以了，或者，可能是我們無法使用它，因為它需要使用服務，或它有我們不希望在單元測試中發生的副作用等等）。

測試替身有許多不同的種類，例如虛擬物件（dummy object）、stub、spy 或 mock（模擬物件）。模擬物件是最常見的物件類型，因為它們相當靈活且通用，所以適合各種情況，且不需要你深入瞭解它們的其餘部分。所以標準程式庫也納入這種物件，它在大部分的 Python 程式中也很常見。我們將要使用的物件是這個：`unittest.mock.Mock`。

mock 是一種根據規範（通常類似生產類別（production class）的物件）或某些回應建立的物件（也就是說，我們可以告訴 mock：它對於某些呼叫應該回傳什麼，以及該表現哪種行為）。`Mock` 物件會在它的內部狀態中記錄它是如何被呼叫的（使用哪些參數、多少次等等），之後我們可以使用這些資訊來驗證應用程式的行為。

Python 標準程式庫的 `Mock` 物件提供了良好的 API，可產生各式各樣的行為斷言，例如檢查這個 mock 被呼叫幾次、使用哪些參數等等。

mock 的類型

標準程式庫的 `unittest.mock` 模組提供了 `Mock` 與 `MagicMock` 物件。前者是一種測試替身，可設置為回傳任何值，並且會追蹤別人對它的呼叫。後者的功能與前者相同，但它也支援魔術方法。也就是說，如果我們使用魔術方法寫了符合風格的程式（而且我們要測試的部分程式會使用它），很有可能我們必須使用 `MagicMock` 實例而非只是 `Mock`。

當我們的程式需要呼叫魔術方法時，試著使用 `Mock` 會產生錯誤。見以下的範例：

```
class GitBranch:
    def __init__(self, commits:List[Dict]):
        self._commits = {c["id"]: c for c in commits}

    def __getitem__(self, commit_id):
```

```
        return self._commits[commit_id]

    def __len__(self):
        return len(self._commits)


def author_by_id(commit_id, branch):
    return branch[commit_id]["author"]
```

我們想要測試這個函式，但是有另一個測試需要呼叫 author_by_id 函式。因為某些原因，我們沒有測試那個函式，所以傳給那個函式（與它回傳的）任何值都可以：

```
def test_find_commit():
    branch = GitBranch([{"id":"123", "author": "dev1"}])
    assert author_by_id("123", branch) == "dev1"


def test_find_any():
    author = author_by_id("123", Mock()) is not None
    # ... 其餘的測試 ..
```

一如預期，這是無效的：

```
def author_by_id(commit_id, branch):
    > return branch[commit_id]["author"]
    E TypeError:'Mock' object is not subscriptable
```

改用 MagicMock 就可以正常工作。我們甚至可以設置這種 mock 的魔術方法來回傳我們需要的東西，以控制測試的執行：

```
def test_find_any():
    mbranch = MagicMock()
    mbranch.__getitem__.return_value = {"author": "test"}
    assert author_by_id("123", mbranch) == "test"
```

測試替身使用案例

為了瞭解 mock 的用法，我們要在應用程式中加入一個新的元件，讓它負責通知 build 的 status 的合併請求。當 build 完成時，我們用合併請求的 ID 與 build 的 status 來呼叫這個物件，它會傳送 HTTP POST 請求給特定的固定端點，用這個資訊更新合併請求的 status：

```
# mock_2.py

from datetime import datetime

import requests
from constants import STATUS_ENDPOINT


class BuildStatus:
    """pull 請求的 CI 狀態。"""

    @staticmethod
    def build_date() -> str:
        return datetime.utcnow().isoformat()

    @classmethod
    def notify(cls, merge_request_id, status):
        build_status = {
            "id": merge_request_id,
            "status": status,
            "built_at": cls.build_date(),
        }
        response = requests.post(STATUS_ENDPOINT, json=build_status)
        response.raise_for_status()
        return response
```

這個類別有許多副作用，但是有一個是難以處理的重要外部依賴關係。如果我們試著為它編寫測試而不修改任何東西，只要它試著執行 HTTP 連結就會因為連結錯誤而失敗。

在測試時，我們的目標只是確保資訊被正確組成，而且程式庫請求都是用正確的參數來呼叫的。因為這是一個外部的依賴項目，我們不測試請求，只要檢查它被正確呼叫就夠了。

當我們試著比較被送到程式庫的資料時，有另一個問題是這個類別計算的是當時的時戳，這在單元測試中是無法預測的東西。我們不可能直接 patch `datetime`，因為這個模組是用 C 寫成的。有一些外部的程式庫可以做這件事（例如 `freezegun`），但是它們會降低效能，而且用它們來處理這個範例根本大材小用。因此，我們選擇將想要的功能包在靜態方法裡面，以便進行 patch。

在程式碼中建立需要換掉的點位之後，我們來編寫單元測試：

```
# test_mock_2.py

from unittest import mock

from constants import STATUS_ENDPOINT
from mock_2 import BuildStatus

@mock.patch("mock_2.requests")
def test_build_notification_sent(mock_requests):
    build_date = "2018-01-01T00:00:01"
    with mock.patch("mock_2.BuildStatus.build_date",
    return_value=build_date):
        BuildStatus.notify(123, "OK")

    expected_payload = {"id":123, "status":"OK", "built_at":
    build_date}
    mock_requests.post.assert_called_with(
        STATUS_ENDPOINT, json=expected_payload
    )
```

我們先將 mock.patch 當成裝飾器來替換 requests 模組。這個函式會建立一個 mock 物件，它會被當成測試程式（在這個範例稱為 mock_requests）的參數傳入。接著我們再次使用這個函式，但是這一次將它當成環境管理器來改變計算 build 的日期的類別的方法回傳的值，將它換成我們控制的值，之後會在斷言中使用它。

完成上述工作後，我們用一些參數來呼叫類別方法，接著使用 mock 物件來檢查它被呼叫的情形。在這個例子中，我們使用這個方法來檢查 requests.post 是否確實以我們希望的參數組合來呼叫。

這是一種很棒的 mock 功能——它們不但會在所有外部元件周圍劃上邊界（在這裡是為了防止實際傳送通知或發出 HTTP 請求），也提供了實用的 API 來驗證呼叫動作與它們的參數。

雖然在這個例子中，我們可以就地設定相應的 mock 物件來測試程式，事實上，我們也必須根據主程式總行數的比例來進行大量的 patch。沒有任何規則規定“要測試的純產品程式與需要模仿的程式之間的比例”應該是多少，但是只要用常識就可以知道，如果我們必須在同一個部分 patch 很多東西，就代表有些東西沒有被乾淨地抽象化，聞起來很像代碼異味。

在下一節，我們要討論如何重構程式來克服這個問題。

重構

當你在維護軟體時，**重構**是很重要的動作，它也是沒有單元測試就無法做的事情（或至少無法正確地做）。有時我們需要提供新功能，或是以非計劃中的用法來使用我們的軟體。我們必須認識到，滿足這種需求的唯一方式是先重構程式碼，讓它更通用。唯有如此，我們才能繼續前進。

在重構程式時，我們通常希望能夠改善它的結構並且讓它更好，有時要更通用、更易讀，或更靈活。我們面對的挑戰是在達成這些目標的同時保留修改前的功能。也就是說，從這些被重構的元件的使用方的角度來看，它們就像什麼事都沒有發生一樣。

“使用不同版本的程式來提供與之前一樣的功能”這個限制意味著我們必須對已被修改的程式執行迴歸測試。執行迴歸測試唯一經濟有效的方式，就是將這些測試自動化。最符合經濟效益的自動測試法就是單元測試。

演進你的程式碼

上一個範例在單元測試中 patch “會依賴我們無法控制的東西”的程式，將程式裡面的副作用分離出來，好讓程式可供測試，這是一種很好的做法，因為畢竟 `mock.patch` 函式最適合處理這類的工作，它可以將指定的物件換掉，還我們一個 `Mock` 物件。

這種做法的缺點在於我們必須用字串提供想要模仿的物件（包括模組）的路徑。這有點脆弱，因為當我們重構程式時（假如更改檔名，或將檔案移除別的地方），修補的所有地方都必須更改，否則測試程式就會損壞。

在這個範例中，`notify()` 方法直接依賴一項實作細節（`requests` 模組）這個事實是一種設計上的問題，也就是說，它也會讓單元測試產生前面提到的脆弱性。

我們仍然要將這些方法換成替身（mock），但是當我們要重構程式碼時，可以用更好的方式來做這件事。我們接下來要將這些方法分成比較小的方法，而且最重要的是將依賴關係注入，而不是讓它固定。現在這段程式採取依賴反轉原則，它期望與提供介面的東西（在這個範例是隱式的）合作，例如 `requests` 模組提供的東西：

```
from datetime import datetime

from constants import STATUS_ENDPOINT
```

```
class BuildStatus:

    endpoint = STATUS_ENDPOINT

    def __init__(self, transport):
        self.transport = transport

    @staticmethod
    def build_date() -> str:
        return datetime.utcnow().isoformat()

    def compose_payload(self, merge_request_id, status) -> dict:
        return {
            "id": merge_request_id,
            "status": status,
            "built_at": self.build_date(),
        }

    def deliver(self, payload):
        response = self.transport.post(self.endpoint, json=payload)
        response.raise_for_status()
        return response

    def notify(self, merge_request_id, status):
        return self.deliver(self.compose_payload(merge_request_id, status))
```

我們將方法分開（現在 not notify 是 compose + deliver），讓 compose_payload() 成為一個新方法（因此可以替換，而不需要 patch 類別），並且要求注入 transport 依賴項目。現在 transport 是依賴項目，我們更容易將那個物件改成任何替身了。

我們甚至可以公開這個物件的夾具，並且根據需要使用替身：

```
@pytest.fixture
def build_status():
    bstatus = BuildStatus(Mock())
    bstatus.build_date = Mock(return_value="2018-01-01T00:00:01")
    return bstatus


def test_build_notification_sent(build_status):

    build_status.notify(1234, "OK")
```

```
    expected_payload = {
        "id":1234,
        "status":"OK",
        "built_at": build_status.build_date(),
    }

    build_status.transport.post.assert_called_with(
        build_status.endpoint, json=expected_payload
    )
```

不是只有成品程式需要演化

我們不斷重述單元測試與成品程式一樣重要。既然我們可以小心翼翼地編寫成品程式來創造最好的抽象，為什麼不為單元測試做同樣的事情？

如果單元測試程式與主程式一樣重要，那麼在設計它時考慮到擴充性並且盡量讓它容易維護絕對是正確的做法。畢竟，非原始作者的其他工程師也需要維護這些程式，所以它必須容易閱讀。

之所以如此謹慎地維護程式的彈性是因為我們知道需求會隨著時間而改變與演化，最後隨著領域商業規則的改變，我們的程式也需要改變，以應付新的需求。因為成品程式需要改變來支援新的需求，所以測試程式也必須改變來支援新版成品程式。

在之前的範例中，我們曾經幫合併請求物件建立一系列的測試程式，嘗試不同的組合並檢查合併請求的狀態。這是很好的初期做法，但我們可以做得更好。

當我們更深入瞭解問題之後，就可以建立更好的抽象。我們的第一個想法是，我們可以建立更高層的抽象來檢查特定條件。例如，如果我們有一個物件是專門測試 `MergeRequest` 類別的測試套件，我們知道它的功能只限於這個類別的行為（因為它必須遵守 SRP），因此我們可以為這個測試類別建立專屬的測試方法。這些方法只能在這個類別中使用，但有助於減少許多 boilerplate。

我們可以建立一個方法來封裝斷言並且在所有測試中重用它，而不是重複使用結構完全一樣的斷言：

```
class TestMergeRequestStatus(unittest.TestCase):
    def setUp(self):
        self.merge_request = MergeRequest()

    def assert_rejected(self):
```

```
        self.assertEqual(
            self.merge_request.status, MergeRequestStatus.REJECTED
        )

    def assert_pending(self):
        self.assertEqual(
            self.merge_request.status, MergeRequestStatus.PENDING
        )

    def assert_approved(self):
        self.assertEqual(
            self.merge_request.status, MergeRequestStatus.APPROVED
        )

    def test_simple_rejected(self):
        self.merge_request.downvote("maintainer")
        self.assert_rejected()

    def test_just_created_is_pending(self):
        self.assert_pending()
```

如果檢查合併請求狀態的方式有任何改變（或如果我們想要加入額外的檢查），就只有一個地方需要修改（assert_approved() 方法）。更重要的是，藉由建立這些更高階的抽象，我們可讓原本只是單元測試的程式開始演化，最後可能變成具備自己的 API 或領域語言的測試框架，讓測試更具說明性。

關於單元測試的其他想法

從之前討論過的概念，我們知道如何測試程式、如何從測試程式的角度來考慮我們的設計，以及在專案中設置工具來執行自動測試，讓我們對自己編寫的軟體品質更具信心。

如果我們對程式的信心來自為它編寫的單元測試，我們該如何知道這些測試是足夠的？我們如何確定已經徹底測試所有情況，沒有錯過某些測試？誰說這些測試是正確的？也就是說，誰測試這些測試？

第一部分的問題（關於測試的徹底程度）的答案是使用特性測試（property-based testing）。

第二部分的問題根據各種觀點可能有不同答案，但我會簡單地介紹突變測試（mutation testing），它可用來確定測試程式確實是正確的。所以，我們可以這樣想：單元測試可檢查主要的成品程式，突變測試則負責控制單元測試。

特性測試

特性測試可產生資料供測試案例使用，目的是尋找會讓程式失敗但是沒有被單元測試涵蓋的情況。

提供這種測試的主要程式庫是 `hypothesis`，它必須與單元測試一起設置。這種程式庫可協助我們找到會讓程式失敗的問題資料。

我們可以想像這個程式庫做的事情就是找出程式的反例。假如我們寫好成品程式（以及它的單元測試！），並且聲稱它是正確的。現在我們要使用這個程式庫，定義一些程式必須遵守的 `hypothesis`，如果在某些情況下我們的斷言是錯的，`hypothesis` 會提供一組造成錯誤的資料。

單元測試最棒的地方在於它可讓我們更認真地設計作品。`hypothesis` 最棒的地方是它可讓我們更認真地設計單元測試。

突變測試

我們知道測試是確保程式正確的正式驗證方法，但我們該如何確定測試是正確的？你可能會認為透過成品程式，是的，在某種程度上這是正確的，我們可以將主程式與測試程式當成天平的兩端。

編寫單元測試的重點在於防止 bug，以及透過測試來尋找不希望在成品中出現的失敗情況。測試成功是件好事，但如果成功出於錯誤的原因就很糟。也就是說，我們可以將單元測試當成自動迴歸工具來使用——如果有人在程式中引入 bug，我們希望至少有一個測試可以抓到它並造成失敗。如果這件事沒有發生，要麼代表缺少測試，要麼代表測試沒有做正確的檢查。

這就是突變測試背後的概念。突變測試工具會將程式碼修改成新的版本（稱為突變體（mutants）），它是原始程式碼的變體，有一些邏輯已經被更改了（例如運算子被交換、條件被反過來等等）。良好的測試套件必須抓到這些突變並殺掉它們，做得到就代表這些測試是值得信賴的。如果有突變體在實驗中活下來，通常是個壞兆頭。當然，這不完全準確，因此我們可能要忽略一些中間狀態。

為了快速展示這種測試如何運作來讓你實際瞭解，我們要使用“根據批准與拒絕的數量來計算合併請求的狀態”的程式的各種版本。這一次，我們將程式改成簡單的版本，它會根據這些數字回傳結果。我們將“用常數列舉狀態“的程式移到不同的模組，讓它看起來更緊湊：

```
# 檔案 mutation_testing_1.py
from mrstatus import MergeRequestStatus as Status

def evaluate_merge_request(upvote_count, downvotes_count):
    if downvotes_count > 0:
        return Status.REJECTED
    if upvote_count >= 2:
        return Status.APPROVED
    return Status.PENDING
```

現在我們要加入一個簡單的單元測試，檢查其中一個條件及其預期的 result（結果）：

```
# 檔案：test_mutation_testing_1.py
class TestMergeRequestEvaluation(unittest.TestCase):
    def test_approved(self):
        result = evaluate_merge_request(3, 0)
        self.assertEqual(result, Status.APPROVED)
```

接著使用 pip install mutpy 安裝 **Python** 的突變測試工具 mutpy，並告訴它用這些測試來對這個模組執行突變測試：

```
$ mut.py \
    --target mutation_testing_$N \
    --unit-test test_mutation_testing_$N \
    --operator AOD `# delete arithmetic operator` \
    --operator AOR `# replace arithmetic operator` \
    --operator COD `# delete conditional operator` \
    --operator COI `# insert conditional operator` \
    --operator CRP `# replace constant` \
    --operator ROR `# replace relational operator` \
    --show-mutants
```

結果長這樣：

```
[*] Mutation score [0.04649 s]:100.0%
   - all: 4
   - killed: 4 (100.0%)
   - survived: 0 (0.0%)
   - incompetent: 0 (0.0%)
   - timeout: 0 (0.0%)
```

這是個好兆頭。我們用一個例子來分析發生了什麼事。下面的輸出顯示突變體：

```
 - [# 1] ROR mutation_testing_1:11 :
--------------------------------------------------------
  7: from mrstatus import MergeRequestStatus as Status
  8:
  9:
 10: def evaluate_merge_request(upvote_count, downvotes_count):
~11:     if downvotes_count < 0:
 12:         return Status.REJECTED
 13:     if upvote_count >= 2:
 14:         return Status.APPROVED
 15:     return Status.PENDING
--------------------------------------------------------
[0.00401 s] killed by test_approved
(test_mutation_testing_1.TestMergeRequestEvaluation)
```

請注意，這個突變體在第 11 行改變了原始的運算子（將 > 改成 <），而且結果告訴我們這個突變體被測試程式殺掉了。這代表使用這個版本的程式碼時（想像一下有人不小心做了這個修改），函式的結果應該是 APPROVED，但因為測試認為它是 REJECTED，所以它失敗了，所以這是好兆頭（測試可以抓到被加入的 bug）。

突變測試是確保單元測試品質的好方法，但它需要你付出精神仔細地分析。在複雜的環境中使用這個工具時，你也需要花一些時間來分析各種情況。執行這些測試的成本很高，因為它需要執行各種不同版本的程式碼多次，這可能會佔用過多資源，以及花費更長的時間才能完成。但是親手做這些檢查的成本更高，也需要付出更多精神。完全不做這些檢查可能更危險，因為這會危及測試的品質。

測試驅動開發簡介

坊間有完全討論 TDD 的書籍，所以在本書完整詳盡地討論這個主題是不切實際的。但是它是一個必須討論的重要主題。

TDD 的理念是：你應該先編寫測試程式，再編寫作品程式，編寫作品程式是為了讓失敗的測試程式（因為功能還沒有完成）可以通過。

先編寫測試再編寫作品的原因很多。從務實的角度來看，這讓我們可以相當準確地涵蓋作品程式。因為所有的作品程式都是為了反應單元測試而編寫的，所以程式的功能幾乎不可能沒有測試程式（當然這不代表有 100% 的覆蓋率，但至少所有的主要函式、方法或元件都有它們各自的測試程式，就算它們未被完全涵蓋）。

這個工作流程很簡單，在高層次上包含三個步驟。首先，我們要編寫單元測試，用它來描述必須實作的東西。當我們執行測試時，它會失敗，因為那項功能還沒有做好。接著繼續實作滿足最低需求的程式，並且再度執行測試。這一次測試應該可以通過。接著我們可以改善（重構）程式。

這個循環是著名的 red-green-refactor（紅燈 / 綠燈 / 重構），代表測試在一開始是失敗的（red），接著我們讓它們通過測試（green），接下來我們重構程式並迭代它。

結論

單元測試是很有趣且深奧的主題，重點在於，它是簡潔程式的關鍵。單元測試是決定程式品質的終極因素。單元測試通常被當成程式的鏡子——當程式容易測試時，就代表它很簡潔且被正確地設計，它們會反映在單元測試上。

單元測試的程式與作品程式一樣重要。適用於作品程式的所有原則也適用於單元測試。這意味著你必須付出同樣的精神與努力來設計與維護它。當你不關心單元測試時，它就會開始出現問題與缺陷，最終毫無用途。如果它們發生這種情況而且難以維護，它們就會變成讓事態惡化的負擔，因為人們往往會忽視它們，或完全不使用它們。這是最糟糕的情況，因為當這種情形發生時，整個作品程式就會陷入危險。盲目地前進（不使用單元測試）是災難的原因。

幸運的是，Python 提供許多單元測試工具，你可以從標準程式庫或透過 pip 取得它們。它們有很大的幫助，投資時間設置它們可獲得長期的回報。

我們已經知道單元測試可以當成程式的正式規格，並且可以證實軟體能夠按照規格來動作，我們也知道，如果我們需要涵蓋新的測試情境，就一定有改善的空間，也一定可以建立更多的測試。從這個角度來看，使用各種手段（例如特性測試或突變測試）來擴展單元測試是很好的投資。

參考文獻

以下是你可以參考的資訊：

- Python 標準程式庫的 `unittest` 模組關於如何建立測試套件的詳細說明（`https://docs.python.org/3/library/unittest.html`）
- Hypothesis 官方文件（`https://hypothesis.readthedocs.io/en/latest/`）
- `pytest` 官方文件（`https://docs.pytest.org/en/latest/`）
- *The Cathedral and the Bazaar: Musings on Linux and Open Source by an Accidental Revolutionary (CatB)*，Eric S. Raymond 著（O'Reilly Media 出版，1999 年）

9 常見的設計模式

自從著名的**四人幫**書籍 *Design Patterns: Elements of Reusable Object-Oriented Software* 介紹設計模式以來，它就一直是個廣泛的軟體工程主題。設計模式是可以在特定的情況下使用的抽象，可協助我們解決常見的問題。當你正確地實作它們時，可讓解決方案的整體設計從中獲益。

本章要介紹一些最常見的設計模式，但不是從“應該在哪些條件下使用哪些工具”這個角度（當模式已經設計之後），而是要分析設計模式如何促成簡潔的程式。我們會先介紹實作了設計模式的解決方案，再分析為什麼這種程式比採取不同做法的程式好。

在分析的過程中，你會看到如何在 Python 中具體實作設計模式。因此，你會看到與設計模式當初設想的其他靜態型態語言相較之下， Python 的動態特性會讓設計模式的實作產生一些差異。這代表在使用 Python 時，你必須記得一些關於設計模式的特殊性，在不適當的情況下套用設計模式是不符合 Python 風格的做法。

本章將討論以下的主題：

- 常見的設計模式。
- 不適合在 Python 中使用的設計模式，以及應該選擇哪些符合風格的替代方案。
- 以 Python 風格實作常見的設計模式。
- 瞭解良好的抽象如何自然地演變為模式。

在 Python 中採用設計模式的注意事項

物件導向設計模式是我們在處理問題的模型時，在各種情況下出現的軟體結構概念。因為它們是高層次的概念，所以你很難將它們綁定特定的程式語言。它們是較一般性的概念，與應用程式的物件如何互動有關。當然，它們都有實作的細節，這些細節隨語言而異，但它們不是設計模式的精髓。

以上談的是設計模式的理論，事實上，它是一種抽象的概念，代表與解決方案中的物件佈局有關的概念。坊間有許多專門討論物件導向設計的書籍與資源，也有專門討論設計模式的，所以在本書中，我們要把焦點放在 Python 的實作細節上。

基於 Python 的特性，有一些典型的設計模式是用不到的。也就是說，Python 有一些功能會讓這些模式隱身幕後。有人認為它們在 Python 中不存在，不過請注意，隱身不代表不存在，它們還在，只是被埋在 Python 裡面，所以我們很可能沒有發現它們。

由於這種語言的動態性質，其他的設計模式在 Python 中有更簡單的做法，有些設計模式的做法則與其他平台大同小異。

無論如何，在 Python 中實現簡潔程式碼的重點在於瞭解有哪些模式可以實作，以及如何實作它們。也就是你應該知道有哪些模式已經被 Python 抽象化了，以及如何利用它們。例如，試著實作標準的迭代器模式（就像我們在不同語言中的做法）是完全不符合 Python 風格的，因為（之前已經談過了）迭代已被深埋在 Python 裡面了，建立可直接用 `for` 迴圈來處理的物件就是正確的做法了。

有些創造型模式也有類似的情況。Python 的類別是正規的物件，函式也是。從之前的範例可以看到，它們可以被四處傳遞、被裝飾、被重新指派等等。這代表無論我們如何訂製物件，幾乎都可以在不需要設定任何工廠類別的情況下做到。此外，在 Python 中建立物件不需要使用特殊的語法（例如不需要 new 關鍵字）。這就是在多數情況下，簡單的函式呼叫式就像是工廠的原因之一。

我們同樣需要使用其他的模式，接下來你會看到如何藉由小小的修改就讓它們更符合 Python 風格，並充分利用這種語言提供的功能（魔術方法或標準程式庫）。

並非所有的模式都是常用或實用的，所以我們會把重點放在主要的、最希望在應用程式中看到的，以及可藉由採取務實的方法來完成的模式。

設計模式實例

四人幫為這個主題編寫的經典介紹了 23 種設計模式，它們分別屬於創造型（creational）、結構型（structural）與行為型（behavioral）這三種分類之一。除了這些模式之外也有其他的模式，或既有模式的變體，但與其全心全意地學習所有的模式，我們應該把焦點放在兩件事情上，首先，有些模式在 Python 中是隱形的，你很有可能在不知不覺之中使用它們。其次，並非所有模式都同樣普遍；它們有的相當實用，所以很常見，有的則是只在特定的情況下使用。

在這一節，我們要回顧最常見的模式，它們是最有可能在我們的設計中浮現的。請注意**浮現**這個字眼，它很重要。不要對你正在建構的解決方案強行套用設計模式，而是應該演進、重構或改善解決方案，直到模式浮現為止。

因此設計模式不是被發明出來的，而是被發現的。如果程式中浮現重複出現的情況，我們就用一個名稱來代表它的類別、物件與相關元件之間的通用或抽象佈局，並將它視為一種模式。

後退一步考慮同樣的事情，我們發現設計模式這個名稱包括許多概念。這或許是設計模式最棒的事情：它們提供了一種溝通語言。透過設計模式，我們可以更輕鬆、有效地溝通設計概念。當兩位以上的工程師使用同一種詞彙時，如果其中一位談到建構器（builder），其他人都可以立刻想到所有的類別，以及它們有什麼關聯、它們的機制是什麼等等，不需要進一步解釋。

讀者將會發現本章的程式與它所屬的設計模式的典範或原始構想不同。原因很多。第一個原因是這些範例採取比較務實的做法，提供特定情況的解決方案，而不是探討一般性的設計理論。第二個原因是這些模式是使用 Python 的特殊性完成的，這些特殊性有時沒有明顯的效果，但有時會造成很大的差異，通常可以簡化程式。

創造型模式

在軟體工程中，創造型模式是處理物件的實例化、試著將許多複雜性抽象化的模式（例如決定初始化物件的參數、需要的相關物件等等），讓使用者有更簡單的介面，並且在使用上更安全。建立物件的基本形式可能會導致設計問題，或為設計加入複雜度。創造型模式可藉由某種手段來控制物件的建立，進而處理這個問題。

在用來建立物件的五種模式中，我們將討論用來避免單例模式的變體模式，並將它換成 Borg 模式（在 Python 程式中最常用的一種），討論它們的差異與優點。

工廠（Factory）

之前介紹過，Python 的核心特性之一就是每一個東西都是物件，因此它們都會被平等對待。這代表我們可以（或不能）用類別、函式或自訂物件做的事情沒有什麼差別。它們都可以用參數來傳遞、被指派等等。

這就是許多工廠模式在 Python 都沒有實際用途的原因。我們可以直接定義一個函式來建構一組物件，甚至可以用參數來傳遞我們想要建立的類別。

單例與共用狀態（monostate）

另一方面，單例（singleton）模式是 Python 沒有完全抽象化的東西。事實上，這種模式在大部分的情況下並不會被真正用到，有時甚至是糟糕的選擇。單例有許多問題（畢竟事實上它們是物件導向軟體的某種全域變數，所以是糟糕的做法）。它們很難被單元測試、它們隨時都會被任何物件修改，所以難以預測，而且它們的副作用可能帶來很大的麻煩。

一般的原則是，我們應該盡量避免使用單例。如果你在極端的情況下需要使用它們，在 Python 中最簡單的做法就是使用模組。你可以在模組裡面建立物件，將它放在裡面之後，被匯入的模組的每一個部分都可以使用它。Python 本身會確保模組是單例，因為無論它們被匯入幾次，以及從多少地方匯入，被載入 sys.modules 的一定是同一個模組。

共用狀態

無論物件怎麼被呼叫、建立或初始化，比較好的做法是將資料複製到多個實例上，而不是強迫我們的設計使用一個單例，其中只建立一個實例。

monostate 模式（SNGMONO）的概念是使用許多只是一般物件的實例，不需要在乎它們是不是單例（只將它們視為物件）。這種模式的好處是它可讓這些物件以完全透明的方式同步它們的資訊，讓我們不需要擔心它們內部是如何工作的。

這個好處讓這種模式成為很好的選項，不僅是因為它的方便性，也是因為它不易出錯，比較不容易被單例的缺點影響（關於它們的可測試性、建立衍生的類別等等）。

根據我們需要同步多少資訊，我們可以在許多層面上使用這個模式。

就最簡單的形式而言，假設我們只要用一個屬性反映所有的實例。若是如此，做法很簡單，只要使用一個類別變數就可以了，我們需要注意的只有提供正確的介面來更新與取得那個屬性的值。

假設我們有一個物件必須用最新的 tag 從 Git 存放區拉入一個程式版本。這個物件可能有多個實例，而且當每一個用戶端呼叫抓取程式的方法時，這個物件就會使用屬性內的 tag 版本。這個 tag 隨時可以更新成較新的版本，我們希望任何其他實例（新的或之前就建立的）在執行 fetch 操作時使用這個新分支，見下面的程式：

```
class GitFetcher:
    _current_tag = None

    def __init__(self, tag):
        self.current_tag = tag

    @property
    def current_tag(self):
        if self._current_tag is None:
            raise AttributeError("tag was never set")
        return self._current_tag

    @current_tag.setter
    def current_tag(self, new_tag):
        self.__class__._current_tag = new_tag

    def pull(self):
        logger.info("pulling from %s", self.current_tag)
        return self.current_tag
```

讀者可以簡單地驗證，無論何時，當你用不同的版本來建立 GitFetcher 型態的物件時，所有物件都會被設成最新的版本，例如：

```
>>> f1 = GitFetcher(0.1)
>>> f2 = GitFetcher(0.2)
>>> f1.current_tag = 0.3
>>> f2.pull()
0.3
>>> f1.pull()
0.3
```

如果我們需要使用更多屬性，或想要進一步封裝共用屬性來讓設計更簡潔，可以使用描述器。

下面的這種描述器可以解決問題，雖然它需要較多程式碼，但也封裝了更具體的功能，也會移走原始類別的部分程式，讓它們更內聚，且更符合單一功能原則：

```
class SharedAttribute:
    def __init__(self, initial_value=None):
        self.value = initial_value
        self._name = None

    def __get__(self, instance, owner):
        if instance is None:
            return self
        if self.value is None:
            raise AttributeError(f"{self._name} was never set")
        return self.value

    def __set__(self, instance, new_value):
        self.value = new_value

    def __set_name__(self, owner, name):
        self._name = name
```

除了這些考量之外，現在這個模式也比較容易重用。如果我們想要重複使用這個邏輯，只要建立一個新的描述器物件就可以了（遵循 DRY 原則）。

如果我們希望做同樣的事情，不過是針對目前的分支，可以建立新的類別屬性，讓類別其餘的部分保持不變，使它仍然具有所需的邏輯，例如：

```
class GitFetcher:
    current_tag = SharedAttribute()
    current_branch = SharedAttribute()

    def __init__(self, tag, branch=None):
        self.current_tag = tag
        self.current_branch = branch

    def pull(self):
        logger.info("pulling from %s", self.current_tag)
        return self.current_tag
```

現在你應該可以清楚地看到這種新做法的權衡取捨了。這種新做法使用的程式比較多一點，但重用性高，所以長期來看可以節省許多程式（與重複的邏輯）。重述一次，請記得用“三個以上的實例”規則來確定是否要建立這種抽象。

這種解決方案的另一個重要的好處是它也可以減少單元測試的重複。在這裡重用程式碼可讓我們對整個解決方案的品質更有信心，因為現在我們只要幫描述器物件編寫單元測試就可以了，不需要為使用它的所有類別編寫（只要單元測試證明描述器是正確的，我們就可以放心地假設它們是正確的）。

borg 模式

前面的解決方案在大部分的情況下都是適用的，但如果我們真的想要使用單例（這必須是很適合這樣做的例外情況），還有最後一個更好的替代方案可用，只是這個方案的風險比較高。

其實它是 monostate 模式，在 Python 中稱為 borg 模式。它的概念是建立一個物件，用它複製同一個類別的所有實例的屬性。你必須記得，複製每一個屬性這件事會產生討厭的副作用。不過，這種模式有許多比單例好的地方。

在下面的例子中，我們要將之前的物件分成兩個——一個用來處理 Git 標籤，另一個用來處理分支。這段程式可讓 borg 模式生效：

```
class BaseFetcher:
    def __init__(self, source):
        self.source = source


class TagFetcher(BaseFetcher):
    _attributes = {}

    def __init__(self, source):
        self.__dict__ = self.__class__._attributes
        super().__init__(source)

    def pull(self):
        logger.info("pulling from tag %s", self.source)
        return f"Tag = {self.source}"


class BranchFetcher(BaseFetcher):
    _attributes = {}
```

```
    def __init__(self, source):
        self.__dict__ = self.__class__._attributes
        super().__init__(source)

    def pull(self):
        logger.info("pulling from branch %s", self.source)
        return f"Branch = {self.source}"
```

這兩個物件都有個基礎類別，且共用它們的初始化方法。但是接下來它們必須再次實作它才能讓 borg 邏輯生效。這個程式的做法是使用一個本身是字典的類別屬性來儲存屬性，接著讓各個物件的字典（在它被初始化時）同樣使用這一個字典。這代表你對物件的字典做的任何更改都會反映到類別中，同樣也會反映到其餘的物件中，因為它們的類別是相同的，而且字典是可當成參考來傳遞的可變物件。換句話說，當我們建立這種型態的新物件時，它們會使用同一個字典，且這個字典會被不斷更新。

請注意，我們不能把字典的邏輯放在基礎類別裡面，因為這會將不同類別的物件的值混在一起，這不是我們要的效果。很多人覺得這種 boilerplate 方案其實是一種習慣寫法，而不是模式。

如果你要遵守 DRY 原則來將它抽象化，有一種做法是建立一個 mixin 類別，例如：

```
class SharedAllMixin:
    def __init__(self, *args, **kwargs):
        try:
            self.__class__._attributes
        except AttributeError:
            self.__class__._attributes = {}

        self.__dict__ = self.__class__._attributes
        super().__init__(*args, **kwargs)


class BaseFetcher:
    def __init__(self, source):
        self.source = source


class TagFetcher(SharedAllMixin, BaseFetcher):
    def pull(self):
        logger.info("pulling from tag %s", self.source)
        return f"Tag = {self.source}"
```

```
class BranchFetcher(SharedAllMixin, BaseFetcher):
    def pull(self):
        logger.info("pulling from branch %s", self.source)
        return f"Branch = {self.source}"
```

我們這一次使用 mixin 類別來建立含有各個類別的屬性的字典，以防它尚未存在，接著繼續執行同樣的邏輯。

這個做法沒有任何關於繼承的大問題，所以它是比較好的替代方案。

建構器（Builder）

建構器模式是一種有趣的模式，它可將物件複雜的初始化工作全部抽象化。這種模式不依賴程式語言的任何特性，所以與任何其他語言一樣，它也適用於 Python。

雖然它可以有效地解決某種問題，但也有可能在框架、程式庫或 API 的設計裡面產生複雜的狀況。類似與描述器有關的建議，當你想要公開一個將會被許多使用方使用的 API 時，才考慮採取這種做法。

這種模式的高階概念是建立一個複雜的物件，讓這個物件許多其他的輔助物件合作。我們要建立一個抽象一次完成所有的事情，而不是交給使用者建立所有的輔助物件，再將它們指派給主要的物件。因此，我們要用一個建構器物件來記得如何建立所有的元件以及連結它們，並提供介面給使用方（它可以是個類別方法），來將“關於產生的物件應該長怎樣”的資訊參數化。

結構型模式

當你想要建立比較簡單的介面或物件，並且想要擴展它們來產生更強大的功能，但不希望讓它們的介面更複雜時，可以使用結構型模式。

這種模式最棒的優點是它可以建立更有趣的物件，讓物件擁有更好的功能，並且用簡潔的方式做到。具體的做法是組合多個單一物件（最明顯的例子就是複合模式），或聚集許多簡單且內聚的介面。

配接器（Adapter）

配接器模式應該是最簡單的設計模式之一，也是最實用的一種。這種模式也稱為包裝器（wrapper），它可以調整介面，解決多個物件不相容的問題。

有時我們會遇到這種情況：部分的程式所使用的模型或類別集合會使用多型來呼叫一個方法。例如，如果我們有許多物件都用 fetch() 方法來抓取資料，而且我們想要維護這個介面，以免大量修改程式。

但是當我們需要加入新的資料來源時，唉呀，它沒有 fetch() 方法。更糟糕的是，這種型態的物件不僅僅不相容，也是我們無法控制的（它的 API 可能是不同的團隊設計的，而且我們無法修改程式）。

我們不想直接使用這個物件，而是想要將這個介面改成我們需要的。此時有兩種做法。

第一種是繼承我們想要使用的類別來建立一個類別，建立那個方法的別名（在必要時調整參數與簽章）。

使用繼承時，我們匯入外部的類別並建立一個新類別，在它裡面定義新方法，並且呼叫名稱不同的方法。在下面範例中，假設外部的依賴項目有個名為 search() 的方法，因為它採取不同的查詢方式，所以只接收一個用來搜尋的參數，因此我們的 adapter 方法不但要呼叫外部的方法，也要相應地轉換參數：

```
from _adapter_base import UsernameLookup


class UserSource(UsernameLookup):
    def fetch(self, user_id, username):
        user_namespace = self._adapt_arguments(user_id, username)
        return self.search(user_namespace)

    @staticmethod
    def _adapt_arguments(user_id, username):
        return f"{user_id}:{username}"
```

有時我們的類別已經是別的類別的子類別了，此時會造成多重繼承的情形，Python 支援這種功能，所以這應該不成問題。但是我們之前已經看過很多次了，繼承會帶來更多的耦合（誰知道有多少別的方法來自外部程式庫？），而且不靈活。概念上，它也不是正確的選擇，因為我們用繼承來做規範（而且是一種關係），而且在這個例子中，我們完全不知道物件是否必須是第三方程式庫提供的（特別是因為我們完全不理解那個物件）。

假如我們可以提供一個 UsernameLookup 的實例給我們的物件，就只要在採用參數之前先轉傳請求就可以了，如下所示：

```
class UserSource:
    ...
    def fetch(self, user_id, username):
        user_namespace = self._adapt_arguments(user_id, username)
        return self.username_lookup.search(user_namespace)
```

當你需要調整多個方法時，可以設計一個通用的機制來調整它們的簽章，你可以使用 __getattr__() 魔術方法來將請求轉給被包起來的物件，但與一般的做法一樣，我們要小心地避免讓解決方案更複雜。

複合

有時我們有一些部分的程式需要使用以其他物件製成的物件。我們有幾個邏輯清晰的基礎物件，想要用容器物件將基本物件群組化，困難之處在於我們想要以相同的方式看待它們（基礎和容器物件）。

物件是以樹狀結構組成的，基礎物件是樹的葉，複合物件是中間的節點。使用方可能想要呼叫它們任何一個來取得被呼叫的方法產生的結果。但是複合物件也扮演使用方的角色，它也會將這個請求傳給它裡面的所有物件，無論那些物件是葉節點還是其他中間節點，直到請求都被處理為止。

假如有一個簡單的線上商店，裡面有一些產品。我們要提供這些產品的組合，讓客戶用折扣買到產品組合。產品有價格，當顧客付款時會詢問這個值。但是一組產品也有一個必須計算的價格。我們用一個物件來代表產品組合，它會將詢問價格的功能託付給各個特定的產品（也可能是另一組產品），直到沒有其他東西要計算為止。下面是這段程式的寫法：

```
class Product:
    def __init__(self, name, price):
        self._name = name
        self._price = price

    @property
    def price(self):
        return self._price


class ProductBundle:
    def __init__(
        self,
        name,
```

```
        perc_discount,
        *products:Iterable[Union[Product, "ProductBundle"]]
    ) -> None:
        self._name = name
        self._perc_discount = perc_discount
        self._products = products

    @property
    def price(self):
        total = sum(p.price for p in self._products)
        return total * (1 - self._perc_discount)
```

我們用特性公開公用介面，並讓 price 成為私用屬性。ProductBundle 類別使用這個特性先將所有產品的價格加起來再計算打折之後的價格。

這些物件之間唯一的差異是它們是用不同的參數建立的。為了完全相容，我們必須試著模仿同樣的介面，接著加入額外的方法來將產品加入組合，但使用一個介面來建立完整的物件。不需要使用這些額外的步驟是這個小差異帶來的好處。

裝飾器（Decorator）

不要將它與**第五章，使用裝飾器來改善程式**討論過的 Python 裝飾器混淆了。它們有一些相似之處，但設計模式的概念截然不同。

這個模式可讓我們在不使用繼承的情況下動態擴展一些物件的功能。在建立更靈活的物件時，它是可以取代多重繼承的優良方案。

我們將要建立一個結構來讓使用者定義一組將要套用到物件的操作（裝飾），你將會看到每一個步驟是如何按照指定的順序進行的。

下面的範例程式是一個簡化版的物件，這個物件會用它收到的參數來建構字典形式的查詢（這些參數可能是用來對 elasticsearch 執行查詢的物件，下面的程式會省略分散你的注意力的實作細節，把重點放在模式的概念上）。

就最基本的形式而言，這個查詢只會回傳一個字典，裡面有它被建立時收到的資料。使用方會使用這個物件的 render() 方法：

```
class DictQuery:
    def __init__(self, **kwargs):
        self._raw_query = kwargs
```

```
    def render(self) -> dict:
        return self._raw_query
```

現在我們想要對資料套用轉換，用不同的方式來 **render** 查詢（篩選值、將它們正規化等等）。我們可以建立裝飾器並將它們套用到 `render` 方法，但如果我們想要在執行期改變它們時，不就不夠靈活了？或者如果我們想要選擇它們的其中幾個，不想要其他的呢？

我們的設計是建立另一個物件，讓它有相同的介面，以及透過許多步驟加強（裝飾）原始結果的能力，但它是可以結合的。這些物件是串接在一起的，每一個都會做原本該做的事情以及其他的事情。“其他的事情”是某些的裝飾步驟。

因為 Python 有鴨子型態，我們不需要建立新的基礎類別並且把這些新物件連同 `DictQuery` 寫成階層結構的一部分。我們只要建立一個具備 `render()` 方法的新類別就可以了（同樣的，多型不需要繼承）。下面的程式展示這個程序：

```
class QueryEnhancer:
    def __init__(self, query:DictQuery):
        self.decorated = query

    def render(self):
        return self.decorated.render()


class RemoveEmpty(QueryEnhancer):
    def render(self):
        original = super().render()
        return {k: v for k, v in original.items() if v}


class CaseInsensitive(QueryEnhancer):
    def render(self):
        original = super().render()
        return {k: v.lower() for k, v in original.items()}
```

`QueryEnhancer` 的介面與 `DictQuery` 的使用方預期的介面相容，所以它們是可以互換的。這個物件在設計上是為了接收已被裝飾的物件。它會從物件取值並轉換它們，回傳修改過的程式。

如果我們想要移除所有結果為 False 的值並將它們正規化來產生原始查詢，就必須使用下面的做法：

```
>>> original = DictQuery(key="value", empty="", none=None,
upper="UPPERCASE", title="Title")
>>> new_query = CaseInsensitive(RemoveEmpty(original))
>>> original.render()
{'key': 'value', 'empty': '', 'none':None, 'upper':'UPPERCASE', 'title':
'Title'}
>>> new_query.render()
{'key': 'value', 'upper': 'uppercase', 'title': 'title'}
```

我們也可以用不同的方式實作這個模式，利用 Python 的動態特性以及“函式就是物件”的事實。我們可以用基礎裝飾器物件（QueryEnhancer）收到的函式來實作這個模式，並將每一個裝飾步驟定義成函式，如下所示：

```
class QueryEnhancer:
    def __init__(
        self,
        query: DictQuery,
        *decorators: Iterable[Callable[[Dict[str, str]], Dict[str, str]]]
    ) -> None:
        self._decorated = query
        self._decorators = decorators

    def render(self):
        current_result = self._decorated.render()
        for deco in self._decorators:
            current_result = deco(current_result)
        return current_result
```

使用方不需要做什麼改變，因為這個類別透過它的 render() 方法維持了相容性。但是在內部，這個物件的使用方式稍有不同，例如：

```
>>> query = DictQuery(foo="bar", empty="", none=None, upper="UPPERCASE",
title="Title")
>>> QueryEnhancer(query, remove_empty, case_insensitive).render()
{'foo': 'bar', 'upper': 'uppercase', 'title': 'title'}
```

在上面的程式中，remove_empty 與 case_insensitive 只是轉換字典的普通函式。

在這個範例中，泛函（function-based）做法看起來比較容易瞭解。有時我們會遇到較複雜的規則需要使用被裝飾的物件的資料（而不僅是它的結果），此時可以採取物件導向做法，尤其是當我們真的想要建立物件階層，讓裡面的每一個類別都實際代表我們想要在設計中明確呈現的知識時。

門面（Facade）

門面（或外觀）是一種很棒的模式。當我們想要簡化物件之間的互動時很適合使用它。如果你有許多物件有多對多的關係，而且希望讓它們互動時，可以使用這種模式。這種模式不需要建立所有連結，而是在許多物件的前面放一個中間物件來充當門面。

這個門面扮演整個佈局的中轉站或單一參考點的角色。每當有新物件想要連接另一個物件時，它只要詢問門面，門面就會相應地轉發請求，而不需要為了讓它與可能的 *N* 個物件連接而建立 *N* 個介面。門面後面的所有東西對其他的外部物件來說是完全不透明的。

這種模式除了主要且明顯的優點之外（將物件解耦），由於它使用更少的介面與更好的封裝，所以也可以促進更簡單的設計。

這個模式不但可以改善處理領域問題的程式，也可以建立更好的 API。當我們使用這個模式來提供單一介面，將它當成程式的單一入口時，可讓使用者更容易與我們公開的功能互動。不只如此，藉由公開一項功能並且將所有東西隱藏在一個介面後面，我們就可以隨時放心地修改或重構底層的程式，因為只要它在門面之後做這些事，它們就不會破壞回溯相容性，使用者也不會受影響。

請注意，這種使用門面的概念甚至不單單能套用在物件與類別上，也可以套用到套件上（技術上，Python 裡面的套件也是物件，但這樣說也是對的）。我們可以使用這種門面的概念來決定套件的佈局，也就是說，哪些東西是使用者可以看到而且是重要的，而哪些東西是內部的，而且不應該被直接匯入。

當我們建立一個目錄來製作套件時，會放入 `__init__.py` 檔與其他的檔案。這是模組的根，它是一種門面。其餘的檔案定義了要匯出的物件，但你不應該直接讓使用方匯入它們，而是要先用 `init` 檔案匯入它們，再讓使用方從那裡取得它們。這種方式可以建立更好的介面，因為使用者只要知道取得物件的單一入口就可以了，更重要的是，你可以視需求隨時重構或重新安排套件（與其餘的檔案），而且只要 `init` 檔案的主 API 保持不變，這些動作就不會影響使用方。要建立易維護的軟體，牢記這種規則至關重要。

Python 本身有一個範例── os 模組。這個模組收集了作業系統的功能，但是它底層使用 **Portable Operating System Interface (POSIX)** 作業系統（在 Windows 平台稱為 nt）的 posix 模組。它的概念是，為了提升移植性，你不應該直接匯入 posix，而是要匯入 os 模組。你應該讓這個模組決定它要呼叫的平台呼叫，以及要公開的對應功能。

行為型模式

行為型模式旨在解決“物件應該如何合作、通訊，以及它們在執行期的介面應該是什麼”等問題。

我們接下來主要討論下面的行為型模式：

- 責任鏈
- 樣板方法
- 命令
- 狀態

它們可以用靜態的做法以繼承完成，或是用動態的做法以組合完成。無論哪種模式，在接下來的範例中，你可以看到這些模式的共同點在於它們可以顯著地改善程式碼，包括避免重複程式，以及建立良好的抽象來封裝行為並解耦模型。

責任鏈（Chain of responsibility）

接下來我們要看一下事件系統。我們想要從 log（例如從 HTTP 應用伺服器轉存的文字檔）解析關於系統中發生了什麼事件的資訊，而且想以簡單的方式取出這些資訊。

在之前的程式中，我們完成一個有趣的解決方案，它符合開閉原則而且使用 __subclasses__() 魔術方法來找出所有可能的事件類型並使用正確的事件來處理資料，用封裝在每個類別裡面的方法來解決責任問題。

這個解決方案可處理我們的問題，而且它相當容易擴展，但是接下來你會看到這個設計模式可帶來額外的好處。

我們在這裡要用稍微不同的方式來建立事件。每一個事件同樣擁有決定它是否可以處理特定 log 列的邏輯，但它也有個後繼者（successor）。這個後繼者是個新事件，這個後繼者是個新事件，是原本的事件的下一個事件，它會在前一個事件無法處理文字時接著處理。這個模式的邏輯很簡單──我們會將事件串接，裡面的每一個事件都會試著處理資料，如果它可以處理，就直接回傳結果，如果不行，就將它傳給後繼者，並重複這個動作：

```
import re

class Event:
    pattern = None

    def __init__(self, next_event=None):
        self.successor = next_event

    def process(self, logline: str):
        if self.can_process(logline):
            return self._process(logline)

        if self.successor is not None:
            return self.successor.process(logline)

    def _process(self, logline: str) -> dict:
        parsed_data = self._parse_data(logline)
        return {
            "type": self.__class__.__name__,
            "id": parsed_data["id"],
            "value": parsed_data["value"],
        }

    @classmethod
    def can_process(cls, logline: str) -> bool:
        return cls.pattern.match(logline) is not None

    @classmethod
    def _parse_data(cls, logline: str) -> dict:
        return cls.pattern.match(logline).groupdict()


class LoginEvent(Event):
    pattern = re.compile(r"(?P<id>\d+):\s+login\s+(?P<value>\S+)")

class LogoutEvent(Event):
    pattern = re.compile(r"(?P<id>\d+):\s+logout\s+(?P<value>\S+)")
```

在這段程式中，我們建立許多 event 物件，並且按照處理的順序排列它們。因為它們都有個 process() 方法，所以它們對這個訊息而言是多型的，所以它們排列的順序對使用方來說是完全透明的，它們每一個也都是透明的。不只如此，process() 方法也有相同的邏輯，如果收到的資料對處理它的物件型態來說是正確的，它會試著取出資訊，如果不正確，就會傳給下一個物件。

透過這種方式，我們可以用下面的方式來 process（處理）登入事件：

```
>>> chain = LogoutEvent(LoginEvent())
>>> chain.process("567: login User")
{'type': 'LoginEvent', 'id': '567', 'value': 'User'}
```

請注意，LogoutEvent 接收 LoginEvent 作為它的後繼者，當它遇到無法處理的工作時，會將它轉發給正確的物件。我們可以從字典內的 type 鍵知道 LoginEvent 是建立這個字典的物件。

這種解決方案有足夠的彈性，而且與前一種做法有一個有趣的共通特性——所有的條件都是互斥的。只要沒有衝突，而且沒有任何一段資料的處理程式超過一個，我們就可以用任何順序來處理事件。

但是如果這個前提不成立呢？在第一種做法中，我們仍然可以修改以條件發出的 __subclasses__() 呼叫，且程式仍然可以正確運作，但是如果我們希望在執行期決定優先順序呢（例如讓用戶或用戶端決定）？這就是它的缺點了。

新的解決方案可以滿足這些需求，因為我們在執行期進行串接，所以可以視需求進行動態操作。

例如，現在我們加入一個泛型來將登入與登出 session 事件組成一組：

```
class SessionEvent(Event):
    pattern = re.compile(r"(?P<id>\d+):\s+log(in|out)\s+(?P<value>\S+)")
```

如果出於某些原因，在應用程式的某個部分，我們想要在登入事件之前捕捉它，可以用下面的 chain 來做：

```
chain = SessionEvent(LoginEvent(LogoutEvent()))
```

舉例來說，藉由改變數序，我們可以定義泛型的 session 事件的優先順序比登入高，而非登出，以此類推。

因為這種模式使用物件，所以它比之前使用類別的做法更有彈性（雖然類別在 Python 中同樣是物件，但它們有某種程度的僵化）。

樣板方法（Template method）

如果你正確地實作 template 方法的話，這種模式可帶來重大的好處。它主要是為了協助重用程式碼，也可以讓物件更有彈性且更容易在修改的同時保持多型。

它的概念是用一個類別階層來定義一些行為，例如公用介面中的重要方法。這個階層的類別都使用同一個樣板，它們或許只修改裡面的某些元素而已。這種模式會將這個通用邏輯放在父類別的公用方法裡面，且這個方法會在內部呼叫所有其他的（私用）方法，那些方法是讓衍生類別修改的方法，因此，樣板內的邏輯都會被重複使用。

認真的讀者可能已經發現到，我們已經在上一節完成這個模式了（在責任鏈範例裡面）。請注意，繼承 Event 的類別只實作一個特定的 pattern，其他的邏輯（也就是樣板）都在 Event 類別裡面。process 事件是泛型的，它有兩種輔助方法 can_process() 與 process()（它又會呼叫 _parse_data()）。

這些額外的方法都使用類別屬性 pattern。因此，若要擴展它來建立新類型的物件，你只要建立一個新的衍生類別並放入正規表達式就可以了，它會繼承被這個改變的新屬性影響的其他邏輯。這種做法可以重用許多程式，因為處理 log 的邏輯只在父類別定義一次。

這種設計很有彈性，因為我們也可以輕鬆地保留多型。如果我們需要新的事件類型，它因為某些原因需要使用不同的方式來解析資料，我們只要在子類別覆寫這個私用方法即可，相容性仍然可以保留，只要它回傳的型態與原本一樣就可以了（符合里氏替換原則與開閉原則）。這是因為它是呼叫衍伸類別方法的父類別。

如果我們要設計自己的程式庫或框架，這個模式也很實用。藉由這樣安排邏輯，我們可讓使用者輕鬆地修改其中一個類別的行為。他們只要建立一個子類別並覆寫特定的私用方法，就可以產生一個有新行為的新物件，而且這個物件必定可以和原始物件的呼叫方相容。

命令（Command）

命令模式可以將一個動作被要求執行的時間點與它實際執行的時間點拆開。此外，它還可以拆開使用方發出的原始請求與接收方收到的請求，讓它們成為不同的物件。這一節的重點是這個模式的第一種功能，將“命令被要求執行”與“它的實際執行”分開。

我們知道，我們可以藉由實作 `__call__()` 魔術方法來建立可呼叫物件，所以可以直接初始化物件，並在稍後呼叫它。事實上，如果這是唯一的需求，我們甚至可以用一個嵌套的函式藉由 closure 來建立另一個函式，以產生延遲執行的效果。但是這種模式可能會延伸到難以實作。

定義好的命令也有可能被修改。也就是說，當使用方指定一個待執行的命令之後，它的某些參數可能被更改，例如加入更多選項等等，直到有人終於決定執行這個命令。

你可以在與資料庫互動的程式庫裡面找到這種案例。例如，在 `psycopg2`（PostgreSQL 使用方程式庫），我們建立了一個連結，取得一個 cursor（資料指標），並且傳送一個想要執行的 SQL 陳述式給那個 cursor。當我們呼叫 `execute` 方法時，物件的內部狀態改變了，但是資料庫並未執行任何指令。當我們呼叫 `fetchall()`（或類似的方法）時，才會實際查詢那筆資料，並且可用指標取得資料。

熱門的 **Object Relational Mapper SQLAlchemy**（**ORM SQLAlchemy**）也有類似的情況。定義查詢需要很多步驟，而且我們定義 `query` 物件之後仍然可以與它互動（加入或移除過濾器、改變條件、執行命令…等等），直到我們確定這個查詢取得的結果為止。在呼叫各個方法之後，`query` 物件會改變它的內部特性，並回傳 `self`（它自己）。

這些案例都很像我們要實現的行為。要建立這種結構，有一種非常簡單的做法就是用一個物件來儲存想要執行的命令的參數，並讓它提供與這些參數互動的方法（加入或移除過濾器等等）。你也可以在這個物件加入追蹤或 log 功能，以檢查被執行的操作。最後，你要提供一個實際執行行動的方法，它可能只是 `__call__()`，或者是自訂的方法，我們稱為它 `do()`。

狀態（State）

狀態模式是軟體設計領域中最鮮明的實物化（reification）案例，它可讓領域問題的概念變成明確的物件，而非只是個邊值（side value）。

第八章，單元測試與重構有一個代表合併請求的物件，它有一個與合併有關的狀態（open、closed 等等）。我們使用一個 enum 來代表這些狀態，因為當時它們只是保存一個值的資料，這個值是代表那些狀態的字串。如果它們需要有某些行為，或是整個合併請求必須根據它的狀態及其變化來執行某些動作，這種做法是不夠的。

當我們要在程式中加入行為、執行期結構時，就必須從物件的角度來思考，因為畢竟那是物件該做的事情。所以我們要做實物化——現在不能只用字串來代表狀態了，必須使用物件。

想像我們要在合併請求加入一些規則，例如當它從 open 變成 closed 時，所有的批准都必須移除（他們必須再次檢查程式）——而且當合併請求被打開時，批准的數量都要設為零（無論它是重新打開的，還是全新的合併請求）。另一條規則是，當合併請求執行合併時，就要刪除來源分支，當然，我們要禁止使用者執行無效的轉換（例如已關閉的合併請求不能合併等等）。

如果我們將所有的邏輯放人同一個地方，稱為 `MergeRequest` 類別，就會產生一個多功能的類別（不良的設計），它會有許多方法與大量的 `if` 陳述式，讓人難以從程式中得知哪個部分代表哪個商業規則。

比較好的做法是將它分成較小型的物件，每一個都有較少的功能，此時狀態物件就是很好的選項。我們要為各種狀態分別建立一個物件，並且在它們的方法裡面放入之前提到的轉換規則邏輯。接著讓 `MergeRequest` 物件有個狀態協調器，並且讓狀態協調器也知道 `MergeRequest` 的存在（若要對 `MergeRequest` 執行適當的動作並處理轉換，這個雙重指派機制是必要的）。

我們定義一個基礎類別，在裡面放入有待實作的方法，接著幫我們想要展示的每一個 `state` 定義一個子類別，讓 `MergeRequest` 物件將所有動作委託給 `state`，如下所示：

```
class InvalidTransitionError(Exception):
    """試著從“無法接觸來源”狀態移到目標狀態時引發。
    """


class MergeRequestState(abc.ABC):
    def __init__(self, merge_request):
        self._merge_request = merge_request

    @abc.abstractmethod
    def open(self):
        ...
```

```
    @abc.abstractmethod
    def close(self):
        ...

    @abc.abstractmethod
    def merge(self):
        ...

    def __str__(self):
        return self.__class__.__name__


class Open(MergeRequestState):
    def open(self):
        self._merge_request.approvals = 0

    def close(self):
        self._merge_request.approvals = 0
        self._merge_request.state = Closed

    def merge(self):
        logger.info("merging %s", self._merge_request)
        logger.info("deleting branch %s",
        self._merge_request.source_branch)
        self._merge_request.state = Merged


class Closed(MergeRequestState):
    def open(self):
        logger.info("reopening closed merge request %s",
         self._merge_request)
        self._merge_request.state = Open

    def close(self):
        pass

    def merge(self):
        raise InvalidTransitionError("can't merge a closed request")


class Merged(MergeRequestState):
    def open(self):
        raise InvalidTransitionError("already merged request")
```

```
    def close(self):
        raise InvalidTransitionError("already merged request")

    def merge(self):
        pass


class MergeRequest:
    def __init__(self, source_branch: str, target_branch: str) -> None:
        self.source_branch = source_branch
        self.target_branch = target_branch
        self._state = None
        self.approvals = 0
        self.state = Open

    @property
    def state(self):
        return self._state

    @state.setter
    def state(self, new_state_cls):
        self._state = new_state_cls(self)

    def open(self):
        return self.state.open()

    def close(self):
        return self.state.close()

    def merge(self):
        return self.state.merge()

    def __str__(self):
        return f"{self.target_branch}:{self.source_branch}"
```

下面是關於程式的細節與設計決策的說明：

- 狀態是特性，所以它不但是公用的，也有一個地方定義如何為合併請求建立狀態，使用 `self` 參數。
- 我們不一定要使用抽象基礎類別，但使用它有一些好處。首先，它更明確地表達我們要處理的物件種類。其次，它強迫每一個子狀態實作介面的所有方法。此外還有兩種替代方案：
    - 我們可以不放入這些方法，並且在有人試著執行無效的動作時引發 `AttributeError`，但這是不正確的做法，因為它無法表達發生了什麼事情。
    - 我們可以只使用一個簡單的基礎類別，並讓這些方法是空的，但是如此一來，不做任何事情這種預設行為無法明確表達發生什麼事情。如果子類別的其中一個方法必須不做任何事情（例如在合併的案例），比較好的做法是留一個空方法在那裡，來明確地表示這種情況不用做任何事情，而不是將這個邏輯強加在所有的物件上。
- `MergeRequest` 與 `MergeRequestState` 必須互相連接，當狀態轉換時，前者就沒有額外參考了，所以它的記憶體必須回收，因此它們兩個的關係應該永遠都是 1:1。

下面的程式示範使用這個物件的情況：

```
>>> mr = MergeRequest("develop", "master")
>>> mr.open()
>>> mr.approvals
0
>>> mr.approvals = 3
>>> mr.close()
>>> mr.approvals
0
>>> mr.open()
INFO:log:reopening closed merge request master:develop
>>> mr.merge()
INFO:log:merging master:develop
INFO:log:deleting branch develop
>>> mr.close()
Traceback (most recent call last):
...
InvalidTransitionError: already merged request
```

我們將轉換狀態的動作委託給 state 物件，它的 MergeRequest 永遠成立（它可以是 ABC 的任何一個子類別）。它們都知道如何回應同一個訊息（以不同的方式），所以這些物件會針對各種轉換執行適當的動作（刪除分支、引發例外等等），接著將 MergeRequest 移往下一個狀態。

因為 MergeRequest 會將所有動作委託給它的 state 物件，我們可以發現，每當它需要執行的動作是以 self.state.open() 的形式出現時，通常就會發生這種情況，以此類推。我們可以移除一些 **boilerplate** 嗎？

可以，藉由 __getattr__()：

```
class MergeRequest:
    def __init__(self, source_branch: str, target_branch: str) -> None:
        self.source_branch = source_branch
        self.target_branch = target_branch
        self._state: MergeRequestState
        self.approvals = 0
        self.state = Open

    @property
    def state(self):
        return self._state

    @state.setter
    def state(self, new_state_cls):
        self._state = new_state_cls(self)

    @property
    def status(self):
        return str(self.state)

    def __getattr__(self, method):
        return getattr(self.state, method)

    def __str__(self):
        return f"{self.target_branch}:{self.source_branch}"
```

我們重用一些程式並移除幾行重複的程式碼，讓抽象基礎類別更紮實。我們希望在某個地方將所有可能的動作文件化，將它們全部列在單一地點。那個地點之前在 MergeRequest 類別裡面，但是現在那些方法不見了，所以這些知識的唯一來源是 MergeRequestState。幸運的是，state 屬性的型態註釋可讓使用者知道該去哪裡尋找介面定義。

使用者只要看一下就可以知道 `MergeRequest` 沒有的東西都可以從它的 `state` 屬性得到。從 `init` 的定義，註釋將告訴我們這是個 `MergeRequestState` 型態的物件，藉由查看這個介面，我們知道我們可以放心地對它執行 `open()`、`close()` 與 `merge()` 方法。

空物件模式

空物件（null object）模式與前面的章節提過的一些優良做法有關。我們在此正式介紹它，進一步分析這個概念與說明它的背景。

它的原則非常簡單——函式或方法必須回傳型態一致的物件。如果你有做到這一點，程式的使用方就可以使用以多型回傳的物件，而不需要對它們做額外的檢查。

在之前範例中，我們討論過 Python 的動態性質如何讓多數的設計模式更容易實作。在某些情況下，設計模式會完全消失，在其他情況下，它們更容易實作許多。設計模式最初的主要目標是避免讓方法或函式明確地提到它們所使用的物件的類別名稱，因此，它們建議創造介面，並且重新安排物件來讓它們配合那些介面，以便修改設計。但是通常我們不需要在 Python 裡面採取這種做法，我們可以直接傳遞不同的物件，只要它們擁有該有的方法，解決方案就可行。

另一方面，"物件不一定要遵守介面" 這個事實讓我們必須更謹慎地看待這些方法或函式回傳的東西。既然我們的函式不假設它們將要接收什麼東西，程式的使用方不做出這種假設也是情有可原的（提供相容的物件是我們的責任）。這可以透過 "依合約設計" 來強制執行與驗證。我們將要探討一種可協助避免這種問題的簡單模式。

考慮上一節探討的責任鏈設計模式，我們已經知道它有很大的彈性與許多優點了，例如將功能解耦成較小的物件。它有一個問題在於，我們永遠不知道最終處理訊息的是哪個物件，如果有的話。特別是在我們的範例中，如果沒有合適的物件可處理 log 的話，方法會直接回傳 `None`。

我們不知道使用者會怎樣使用我們傳遞的資料，但知道它們期望收到字典。因此可能發生下面的錯誤：

```
AttributeError: 'NoneType' object has no attribute 'keys'
```

修正這個例子很簡單——讓 `process()` 方法的預設值是個空字典，而不是 `None`。

務必回傳型態一致的物件。

但是如果這個方法不是回傳字典，而是自訂的物件呢？

為了處理這個問題，我們必須用一個類別來代表那個物件的空狀態並回傳它。如果我們的系統裡面有一個代表使用者的類別，以及一個用使用者的 ID 查詢他們的函式，那麼在找不到使用者時，它應該做下面的兩件事之一：

- 引發例外
- 回傳 `UserUnknown` 型態的物件

但是無論如何它都不該回傳 `None`。`None` 這個字無法指出發生了什麼事情，而且在合理的情況下，呼叫方會試著對它執行方法，造成 `AttributeError` 失敗。

我們已經討論過例外以及它們的優缺點了，所以我要說，這個 `null` 物件只能擁有與原始的使用者相同的方法，而且這些方法都不做任何事情。

使用這種架構的優點在於，我們不但可以避免執行期錯誤，而且這個物件也有可能很實用。它可能會讓程式更容易測試，甚至可以協助除錯（我們或許可以在方法裡面放入 log 程式來瞭解為何產生那種狀態、它收到什麼資料等等）。

藉由利用 Python 的幾乎所有魔術方法，我們可以建立一個通用的、無論你怎麼呼叫它都絕對不做任何事情的 `null` 物件，且幾乎任何使用方都可以呼叫它。這種物件有點類似 `Mock` 物件。但是我不建議你這樣做，原因是：

- 它對領域問題而言沒有任何意義。回到我們的範例，合理的做法是使用 `UnknownUser` 型態的物件，因為它可讓呼叫方清楚知道查詢出現某些錯誤。
- 它不遵守原始介面。這是個問題。重點在於，`UnknownUser` 是位使用者，因此它必須有相同的方法。如果呼叫方不小心要求執行它沒有的方法，那麼在這個例子中，它應該發出一個 `AttributeError` 例外。當你使用通用的 `null` 物件來做任何事情與回應任何事情時，就會失去這個資訊，可能會讓 bug 悄悄溜進去。如果我們選擇以 `spec=User` 建立 `Mock` 物件，這個異常會被抓到，但同樣的，使用 `Mock` 物件來代表事實上是空狀態的東西會讓人比較不容易瞭解程式的意圖。

這個模式是很好的做法，可讓我們在物件中維持多型。

關於設計模式的最終說明

我們已經看過 Python 的設計模式了，藉此，我們知道常見問題的解決方案，以及可協助我們實現簡潔設計的其他技術。

知道這些事情很好，但是它們帶來另一個問題：設計模式到底多棒？有些人認為它們弊大於利，覺得它們是做給型態系統有限（而且缺乏第一級函式）的語言使用的，因為那些語言沒辦法做 Python 可以輕鬆做到的事情。有些人認為設計模式迫使人們使用某些設計方案，造成一些埋沒原本該有的較佳設計的偏見。我們來依序討論這些觀點。

模式對設計造成的影響

設計模式與軟體工程的其他主題一樣，本身沒有好壞，差別在於它的實作方式。設計模式在一些情況之下確實用不到，因為只要使用簡單的解決方案就可以應付了。試著在不適當的情況下使用模式是一種過度設計，這顯然是不好的，但是這不代表設計模式有問題，很有可能在這些情況下，問題根本與模式無關。有些人會試著過度設計任何東西，因為他們不知道具備彈性與適應性的軟體究竟是什麼。之前談過，製作良好的軟體與預測未來的需求無關（預測未來沒有意義），我們應該在解決眼前問題的同時，保留未來修改它的空間。現在的程式還不需要處理未來的變化，只要具備足夠的彈性可在未來修改就可以了。等到那一天到來的時候，我們仍然必須記得“等到有三個以上同一個問題的實例才製作通用解決方案或適當的抽象”這條規則。

這通常是設計模式浮現的時機，一旦我們正確地認出當下的問題，就能夠認出相應的模式與抽象。

回到“模式是否只適合某種語言”這個話題。本章的簡介曾經說過，設計模式是高階的概念。它們通常代表物件之間的關係與互動。你很難想像這種事情會在語言中消失。的確，有些模式已經被做在 Python 裡面了，例如迭代器模式（如同稍早不斷提到的，它是 Python 內建的），或策略（strategy）（原因是我們可以像傳遞其他一般物件一樣傳遞函式，不需要將策略方法封裝在物件內，因為函式本身就是個物件）。

但是我們需要其他的模式，而且它們的確可以解決問題，比如裝飾器與複合模式。在其他情況下，也有一些設計模式是 Python 本身就已經實作的，只是我們不一定看得到它們，例如我們在討論門面模式時談到的 os 模組。

至於“設計模式會讓我們的解決方案往錯誤的方向發展”這一點，我們要很小心地看待它。重述一次，比較好的做法是先從領域問題的角度來設計解決方案並建立正確的抽象，再看看這個設計是否浮現出設計模式。如果確實有設計模式浮現了，這是壞事嗎？有現成的解決方案可處理我們試著解決的問題絕不是件壞事。重新發明車輪才是壞事，但這在我們的領域中經常發生。此外，使用已被證實有效且通過驗證的模式，也可以讓我們對目前正在建構的程式品質更有信心。

模型的命名

你應該表明你在程式中使用了設計模式嗎？

如果你的設計很棒，而且程式很簡潔，它自己就會說話。不建議你將東西的名稱取成你所使用的設計模式，原因如下：

- 只要程式按你預期地工作，它的使用者與其他開發者就不需要知道它背後的設計模式。
- 指出設計模式會破壞意圖揭示原則。在類別名稱中加入設計模式的名稱會讓它失去部分的原始含義。如果你有個代表查詢的類別，它的名稱應該是 `Query` 或 `EnhancedQuery` 之類可展示那個物件的功能的文字。`EnhancedQueryDecorator` 無法傳遞任何有意義的事情，結尾的 `Decorator` 不但不會增加清晰度，反而創造混淆。

在 docstring 中指出設計模式或許可行，因為它們扮演文件的角色，傳達設計理念（同樣的，溝通）是件好事，但不一定需要如此。在多數情況下，我們不需要知道設計模式的存在。

當設計模式對使用者而言完全透明的時候，那個設計就是最好的設計。其中一個例子就是標準程式庫的門面模式，當使用者在使用 `os` 模組時，這個模式對他們而言完全是透明的。更優雅的案例是迭代器設計模式被這個語言完全抽象化了，我們甚至完全不會想到它。

結論

設計模式一向被視為已被證實可解決常見問題的做法。這是正確的說法，但是本章從優良設計技術的角度討論它們，將它們視為產生簡潔程式碼的模式。我們看到在大部分的情況下，它們可以協助保留多型、減少耦合，與建立正確的抽象來封裝細節。**第八章，單元測試與重構**曾經談過與這些概念有關的所有特徵。

然而，設計模式最棒的地方不是使用它們可帶來簡潔的設計，而是它們能擴展我們的詞彙。我們可將它們當成溝通工具，用它們的名稱來表達設計的理念。而且有時我們不需要採用整個模式，只需要採取模式的特定概念（例如子結構），此時，它們也是一種促成有效溝通的手段。

當我們從模式的角度思考如何建立解決方案時，就是在更通用的層面上解決問題。從設計模式的角度來思考可讓我們更接近更高層級的設計。我們可以慢慢地“將鏡頭拉遠”，從整體結構的角度考慮更多事項，處理比較一般性的問題之後，再開始思考系統將來該如何演化與長期維護（它將如何擴展、改變、適應等等）。

要讓軟體專案完成這些目標，它的核心必須有簡潔的程式，但結構也必須是簡潔的，這就是下一章的主題。

參考文獻

以下是你可以參考的資訊：

- *GoF*：Erich Gamma、Richard Helm、Ralph Johnson 與 John Vlissides 合著的書籍 *Design Patterns: Elements of Reusable Object-Oriented Software*
- *SNGMONO*：Robert C. Martin 在 2002 年撰寫的文章 *SINGLETON and MONOSTATE*
- *The Null Object Pattern*，Bobby Woolf 著

10
簡潔的結構

在最後的這一章，我們要把重點放在如何在設計整個系統時將所有的東西整合。這是偏理論的一章。如果我們在討論這個主題時還要詳細解釋低層次的細節，那就太過複雜了。而且，如果你已經瞭解前幾章提到的所有原則，準備把注意力放在系統規模的設計上，跳脫這些細節是學習的關鍵。

本章要討論的主題與目標是：

- 設計可長期維護的軟體系統
- 藉由維持品質屬性來有效地執行軟體專案
- 研究如何將所有觀念用在與系統有關的程式碼

從簡潔的程式碼到簡潔的結構

這一節要說明當我們設計大型系統時，前面的章節強調的概念會如何以稍微不同的形式重新出現。有趣的是，適用於較詳細的設計和程式碼的概念也適用於大型的系統與結構。

前幾章討論的概念與單一應用程式有關，它通常是一個專案，可能有一個（或一些）原始碼版本控制系統（git）存放區。這不代表那些設計理念只適用於程式碼，或是在設計結構時派不上用場，原因有兩個：程式碼是結構的基礎，如果它沒有被謹慎地編寫，無論你設計出多好的結構，系統都會失敗。

其次，前幾章回顧的一些原則不是用在程式碼，而是用在設計概念上。最明顯的案例是設計模式，它們是最高階的概念。透過它，我們可以快速瞭解元件在結構中的角色，而不需要深入瞭解程式碼的細節。

但是大型的企業系統通常是許多應用程式組成的，所以現在是時候開始以離散系統的形式來考慮更大型的設計了。

在接下來各節，我們要從系統的角度討論貫穿全書的主題。

分離關注點

一個應用程式有許多元件，它們的程式碼有其他的子元件，例如模組或套件，模組有類別或函式，而類別又有方法。本書一直強調讓元件越小越好，特別是對函式而言——函式只做一件事，而且要小。

我們提出幾個理由來支持這個論點。小函式比較容易瞭解、追隨與除錯。它們也更容易測試。程式片段越小，就越容易為它編寫單元測試。

我們希望各個應用程式的元件有不同的特性，但最主要的特性是高內聚性與低耦合。將元件分成更小的單位，讓每一個單位都有一個定義良好的功能，我們就可以做出更好的結構，並且更容易管理它的變動。當你遇到新的需求時，只需要改變一個地方，其餘的程式完全不受影響。

當我們討論程式碼時，**元件**指的是上述的其中一種內聚單位（例如，它可能是個類別）。當我們討論結構時，元件指的是在系統中可視為工作單位（working unit）的任何東西。元件這個字元本身很模糊，所以在軟體結構中，它沒有大部分的人都接受的具體定義。工作單位的概念因專案而異。元件必須能夠依照它自己的週期被釋出或部署，與系統的其餘部分無關。更確切地說，系統的一部分可以稱為整個應用程式。

對 Python 專案而言，元件可能是個套件，但服務也可能是元件。注意這兩種不同的概念（而且有不同等級的粗細程度）可在同一個分類之下考慮。舉個例子，上一章用過的事件系統可以視為一個元件。它是一個明確定義目的的工作單位（補充從 log 中認出的事件），可以獨立部署，與其他部分無關（無論是作為 Python 套件，還是當我們公開它的功能時，作為服務），它也是整個系統的一部分，而不是整個應用程式本身。

我們已經在前幾章的例子中看過典型風格的程式碼，也強調了妥善設計程式碼的重要性，在這種設計中，物件應該具備單一良好定義的功能、隔離、正交，且容易維護。這個適用於詳細的設計（函式、類別、方法）的標準也適合軟體結構的元件。

將大型系統做成單一元件是不好的做法。單體應用程式會變成單一真相來源（source of truth），讓它負責系統的每一件事情會帶來很多不好的後果（更難以隔離與辨識改變、更難有效地測試等等）。同樣地，如果我們不小心把所有東西都放在同一個地方，程式將會難以維護，且如果應用程式的各個元件沒有得到平等的關注，應用程式就會遇到類似的問題。

在系統中建立內聚元件有很多種做法，取決於我們需要的抽象程度。

其中一種做法是找出很有可能被重用多次的共同邏輯，將它放在 Python 套件裡面（本章稍後會詳細討論）。

另一種做法是將應用程式拆成多個較小的服務，讓它們具備微服務結構。其目的是讓元件有單一且定義良好的功能，以便讓這些服務合作與交換資訊，產生與單體應用程式相同的功能。

抽象

封裝再次出現了。對系統而言（很像我們對程式碼做的事情），我們希望從領域問題的角度進行討論，盡量隱藏實作細節。

如同程式碼必須表達它的意圖（幾乎到了自我文件化的程度），並且具備正確的抽象來揭露基本問題的解決方案（盡量減少意外的複雜性），結構也應該告訴我們關於這個系統的資訊，這裡指的不是在磁碟保存資料的方法、使用的網路框架、用來連接外部代理程式的程式庫、系統之間的互動等細節，而是系統會做什麼事情。scream architecture（SCREAM）之類的概念可反映這種概念。

第四章，*SOLID* 原則談過的**依賴反轉原則（DIP）**在這個方面有很大的幫助，我們不要依賴具體的實作，而是依賴抽象。在程式中，我們將抽象（或介面）、依賴項目放在邊界，它們是我們無法控制且以後可能會改變的部分。這樣做是為了反轉依賴關係，讓它們配合我們的程式（藉由遵守介面），而不是反過來的情況。

建立抽象與反轉依賴關係是很好的做法，但還不夠。我們希望整個應用程式是獨立的，並且與無法控制的事項分開。這甚至不僅僅是用物件來抽象——我們需要的是好幾個抽象層。

這是個細節，但是對詳細的設計而言是很重要的差異。DIP 建議你建立一個介面，舉例來說，它可以用標準程式庫的 abc 模組來實作。因為 Python 採取鴨子型態，雖然使用抽象類別可能有幫助，但你不一定採取這種做法，因為使用一般的物件也可以輕鬆地產生同樣的效果，只要它們符合所需的介面即可。Python 的動態性質可讓我們使用這些替代方案。但是在考慮結構時，我們沒有這些東西。從範例可以清楚看到，我們必須將依賴關係完全抽象化，但 Python 沒有可做這件事的功能。

有些人可能會說："但 ORM 是很好的資料庫抽象，不是嗎？" 這還不夠。ORM 本身就是個依賴項目，因此無法被我們控制。在 ORM 的 API 與我們的應用程式之間建立一個中間層（配接器）還比較好。

這意味著我們不是只用 ORM 來將資料庫抽象化，而是在它上面建立一個抽象層來定義屬於我們的領域的物件。

接著讓應用程式匯入這個元件，並使用這個抽象層提供的實體，而不是採取反過來的做法。抽象層不應該知道應用程式的邏輯，更確切地說，資料庫應該對應用程式本身一無所知。若非如此，資料庫就會與我們的應用程式耦合。我們的目的是反轉依賴關係——用這一個抽象層提供一個 API，每一個想要連接它的儲存元件都必須符合這個 API。這個就是六角形結構（hexagonal architecture，HEX）的概念。

軟體元件

我們有個大型的系統，現在需要擴展它。它也必須是可維護的。對此，我們不但要考慮技術問題，也要考慮組織的問題。這意味著它不僅僅與管理軟體存放區有關，每一個存取區都很有可能屬於一個應用程式，而且它會被擁有該系統的團隊維護。

這讓我們必須記得大型系統是如何分成不同元件的。它可能有很多階段，包括非常簡單的做法，例如，建立 Python 套件，到微服務結構之中的複雜情況。

當專案涉及不同的語言時，情況還會更複雜，但是這一章假設它們都是 Python 專案。

這些元件必須互動，與團隊一樣。若要在一定的規模上正常運作，唯一做法就是讓所有的部分都同意一個介面，也就是合約。

套件

如果你要以較通用的方式散發軟體與重用程式碼，Python 套件是一種方便的手段。組建好的套件可以發布到工具存放區（例如公司內部的 PyPi 伺服器），讓需要它的其他應用程式從那裡下載。

這種做法背後的動機有許多元素——主要是重用程式碼，並實現概念上的完整性。

我們接下來要說明如何將 Python 專案打包以便放在存放區的基本做法。你可以使用 PyPi（`https://pypi.org/`）或是內部的預設存放區，這些基本做法也適用於自訂的設定。

假設我們已經建立了一個小型的程式庫，以它為例來回顧應考慮的重點。

除了所有可用的開放原始碼程式庫之外，我們有時也需要額外的功能——或許應用程式會反覆使用某個特定的習慣寫法，或重度依賴某項功能或機制，讓團隊為這些特定的需求設計了更好的函式。為了更有效率地工作，我們可以將這些抽象放入程式庫，並鼓勵所有的團隊成員使用它提供的風格，因為這種做法可協助避免錯誤與減少 bug。

符合這種情況的例子可能有無限多個，或許應用程式需要取得許多 .tag.gz 檔案（以特定的格式），而且曾經被惡意的檔案執行路徑遍歷攻擊而面臨安全問題。為了緩解這種情況，我們將"安全地取出自訂文件格式"的功能放在一個程式庫裡面，並在裡面加入預設的程式，以及額外的檢查。這聽起來是很好的做法。

或者，我們可能必須用特定的格式編寫或解析一個組態檔，這需要依序執行許多步驟；我們同樣建立一個輔助函式來包裝它，並在所有需要它的專案裡面使用它，這是個很棒的投資，不僅僅是它可以省下許多重複的程式，也因為它讓人更難以犯錯。

這樣的做的好處除了遵守 DRY 原則（避免重複的程式，鼓勵重用）之外，也將功能抽象化，讓它成為完成事情的單一參考點，有助於實現概念完整性。

通常最小型的程式庫佈局長這樣：

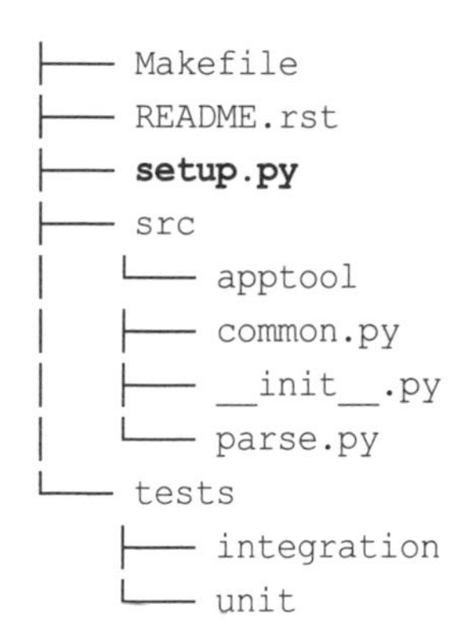

```
├── Makefile
├── README.rst
├── setup.py
├── src
│   └── apptool
│   ├── common.py
│   ├── __init__.py
│   └── parse.py
└── tests
    ├── integration
    └── unit
```

這個結構的重點是存有套件定義的 setup.py 檔。這個檔案裡面有專案的所有重要定義（它的需求、依賴項目、名稱、說明等等）。

src 裡面的 apptool 目錄是我們正在處理的程式庫名稱。它是個典型的 Python 專案，所以我們放入所有需要的檔案。

這是 setup.py 檔案的範例：

```
from setuptools import find_packages, setup

with open("README.rst", "r") as longdesc:
    long_description = longdesc.read()


setup(
    name="apptool",
    description="Description of the intention of the package",
    long_description=long_description,
    author="Dev team",
    version="0.1.0",
    packages=find_packages(where="src/"),
    package_dir={"": "src"},
)
```

這個小型的範例裡面有專案的關鍵要素。setup 函式的 name 引數是套件在存放區裡面的名稱（我們會用這個名稱來執行命令安裝它，在本例就是 pip install apptool）。它不一定要用專案目錄（src/apptool）的名稱，但為了方便使用者，建烈建議你這樣做。

在這個例子中，因為它們兩個名稱相符，所以讓人很容易就可以看到 pip install apptool 與程式碼裡面的 from apptool import myutil 之間的關係。但是後著指的是 src/ 目錄內的名稱，而前者是在 setup.py 檔案內指定的名稱。

版本（version）是保存後續不同版本的地方，接著我們指定套件（packages）。藉由使用 find_packages() 函式，我們可以自動找到所有套件，本例是在 src/ 目錄底下尋找。在這個目錄底下尋找套件可以避免混入不屬於這個專案的檔案，以及（舉例）意外地釋出專案的測試或損壞的結構。

你可以執行下面的命令來製作套件，假設它是在安裝了依賴項目的虛擬環境中執行的：

```
$VIRTUAL_ENV/bin/pip install -U setuptools wheel
$VIRTUAL_ENV/bin/python setup.py sdist bdist_wheel
```

這會將結果放在 dist/ 目錄裡面，之後你可以在那裡將它們發佈到 PyPi 或公司的內部套件存放區。

包裝 Python 專案的重點是：

- 測試與驗證安裝過程與平台無關，而且不依賴任何本地設定（你可以將原始檔案放在 src/ 目錄底下做到這一點）
- 不要將單元測試放入被建立的套件裡面
- 分開依賴關係——執行專案所需要的東西與開發者需要的東西是不一樣的
- 幫最常被要求的命令建立入口

setup.py 檔案提供許多其他的參數與組態，可用更複雜的方式來設定。如果你的套件需要安裝許多作業系統程式庫，可在 setup.py 檔案裡面編寫一些邏輯來編譯與組建所需的擴展套件。採取這種做法時，如果遇到問題，它會提早在安裝程序失敗，如果套件提供實用的錯誤訊息，可讓使用者更快速地修正依賴項目並繼續工作。

如果你要讓應用程式可被到處使用，以及讓操作任何平台的開發者都可輕鬆地執行它的話，安裝這種依賴項目是很大的阻礙。克服這個障礙最好的方法就是建立 Docker 映像來將平台抽象化，我們在下一節討論。

容器

因為本章專門討論結構，所以這裡的容器是與**第二章，符合 *Python* 風格的程式**的 Python 容器（有 `__contains__` 方法的物件）完全不同的東西。容器是因為某些限制與隔離上的考量，而在作業系統裡面執行的程序。具體來說，我們指的是 Docker 容器，它可讓我們將應用程式（服務或程序）當成獨立的元件來管理。

容器是另一種傳遞軟體的方法。根據上一節的考量來建立的 Python 套件比較適合讓程式庫或框架使用，它的目的是為了重用程式碼，並且利用“在單一地點放置特定邏輯”的好處。

我們使用容器的目的不是建立程式庫，而是建立應用程式（在大多數的情況下）。但是應用程式或平台不一定代表整個服務。建立容器的目的是為了建立一個代表小型與明確的目的的小型元件。

這一節談到的容器是 Docker，我們將討論如何為 Python 專案建立 Docker 映像與容器。請記得，不是只有這種技術可以將應用程式放到容器內，它是與 Python 完全無關的工具。

Docker 容器需要一個在裡面運行的映像，這個映像是用其他的基本映像做成的。但是我們建立的映像本身也可能是其他容器的基本映像。如果我們的應用程式裡面有一個共同的基礎可讓許多容器使用時，我們就會採取這種做法。有一種做法是建立一個基本映像，用上一節說明的方式在它上面安裝一個（或多個）套件及其所有依賴項目，包括作業系統階層上的那一些。在**第九章，常見的設計模式**中提過，我們建立的套件不但可以使用其他的 Python 程式庫，也可以使用特定的平台（特定的作業系統），以及那個作業系統已經安裝的程式庫，如果沒有它們，套件將無法安裝並失敗。

容器是一種很棒的移植工具。它可以協助確保應用程式依照規定運行，也可以大幅簡化開發程序（在不同的環境內複製環境、複製測試、協助新成員上手等等）。

套件是重用程式碼與統一標準的手段，容器則是建立應用程式的各種服務的手段。它們滿足**分離結構的關注點（SoC）**原則的標準。每一個服務都是一種元件，封裝了一組獨立於應用程式的其他部分的功能。你應該採取可以提升維護性的方式來設計容器——當你明確地劃分功能時，針對某項服務做的變動就不會影響應用程式的任何其他部分。

下一節將討論如何在 Python 專案中建立 Docker 容器。

使用案例

我們接下來用一個簡單的範例來說明如何組織應用程式的元件，以及如何實際應用之前的概念。

這個使用案例是有個快遞食品的應用程式，它有一個服務可以追蹤各個快遞在它的各個階段的狀態。我們只把焦點放在這個服務上，無論應用程式其餘的部分長怎樣。這個服務必須非常簡單——它是個 REST API，當有人詢問特定訂單的狀態時，它會回傳一個 JSON 回應，裡面有說明訊息。

我們假設這些與訂單有關的資訊被放在資料庫內，但這個細節應該是完全不重要的。

現在我們的服務有兩個主要的關注點：取得特定訂單的資訊（從它被儲存的地方），以及以實用的方式向使用方展示這個資訊（這裡用 JSON 格式來傳遞結果，以網路服務來展示）。

因為應用程式必須是可維護的與可擴展的，我們希望盡量將這兩個關注點隱藏起來，把焦點放在主要的邏輯。因此，這兩個細節會被抽象化並封裝到 Python 套件裡面，讓核心邏輯的主應用程式使用，如下圖所示：

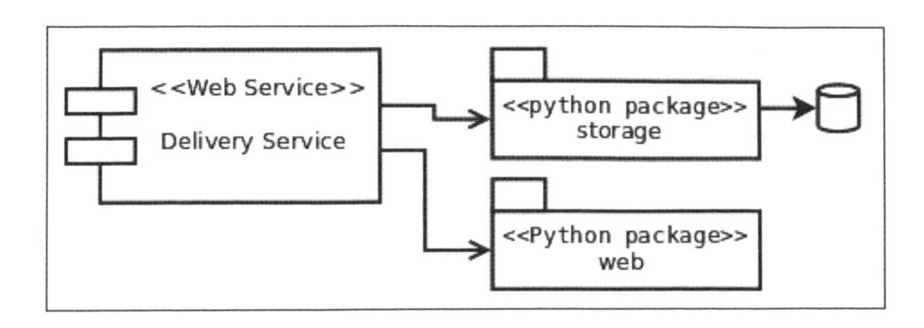

接下來各節會簡要說明程式碼的樣子，主要從套件的角度，以及如何用它們來建立服務，以做出最後的結論。

程式碼

這個範例建立 Python 套件的目的是為了說明如何製作抽象與獨立的元件，以協助有效率地工作。在實際情況下，它們不需要做成 Python 套件，我們可以在“快遞服務”專案中建立正確的抽象，只要保持正確的隔離，它就可以正確地動作。

當邏輯是重複的，而且我們希望讓許多其他應用程式使用（從套件匯入）時，建立套件比較有意義，因為我們希望促進程式碼重用。這個例子沒有這種需求，所以這種做法可能有點過頭了，但做這個區分仍然可以說明“可插拔結構”或元件的概念，其實它是一種包裝，目的是將技術細節抽象化，那些細節是我們不想處理的，更不用說依賴了。

`storage` 套件負責取得我們需要的資料，並且在下一層（快遞服務）以適合商業規則的格式來展示它。主應用程式現在應該知道這些資料來自哪裡、它的格式是什麼等等。這就是我們插入這層抽象，不讓應用程式直接使用一筆資料列或 ORM 實體，而是某個可操作的東西的原因。

領域模型

以下的定義適用於商業規則類別。請注意，它們是純商業物件，不綁定任何特定的東西。它們不是 ORM 的模型或外部框架的物件等等。應用程式應該與這些物件合作（或是符合相同標準的物件）。

各種類別會用 dosctring 來將它的目的文件化，根據商業規則：

```
from typing import Union

class DispatchedOrder:
    """剛建立並通知開始送貨的訂單。"""

    status = "dispatched"

    def __init__(self, when):
        self._when = when

    def message(self) -> dict:
        return {
            "status": self.status,
            "msg": "Order was dispatched on {0}".format(
                self._when.isoformat()
            ),
        }


class OrderInTransit:
    """目前送給顧客的訂單。"""

    status = "in transit"

    def __init__(self, current_location):
        self._current_location = current_location

    def message(self) -> dict:
        return {
            "status": self.status,
            "msg": "The order is in progress (current location:
{})".format(
                self._current_location
            ),
        }


class OrderDelivered:
    """已經送給顧客的訂單。"""

    status = "delivered"
```

```
    def __init__(self, delivered_at):
        self._delivered_at = delivered_at

    def message(self) -> dict:
        return {
            "status": self.status,
            "msg": "Order delivered on {0}".format(
                self._delivered_at.isoformat()
            ),
        }


class DeliveryOrder:
    def __init__(
        self,
        delivery_id: str,
        status: Union[DispatchedOrder, OrderInTransit, OrderDelivered],
    ) -> None:
        self._delivery_id = delivery_id
        self._status = status

    def message(self) -> dict:
        return {"id": self._delivery_id, **self._status.message()}
```

從這段程式，我們可以知道這個應用程式長怎樣——我們想要有個 DeliveryOrder 物件，它將會有它自己的狀態（作為內部的協作者），當我們取得它之後，就會呼叫它的 message() 方法來將這項資訊回傳給使用者。

從應用程式呼叫

下面是這些物件在應用程式裡面的用法。注意它依賴之前的套件（web 與 storage），而不是反過來的狀況：

```
from storage import DBClient, DeliveryStatusQuery, OrderNotFoundError
from web import NotFound, View, app, register_route

class DeliveryView(View):
    async def _get(self, request, delivery_id: int):
        dsq = DeliveryStatusQuery(int(delivery_id), await DBClient())
        try
            result = await dsq.get()
        except OrderNotFoundError as e:
```

```
            raise NotFound(str(e)) from e

        return result.message()

register_route(DeliveryView, "/status/<delivery_id:int>")
```

上一節展示 domain 物件，而這裡是應用程式的顯示程式。我們有沒有缺少什麼東西？當然有，但它們是我們現在需要知道的東西嗎？不盡然。

我刻意不展示 storage 與 web 套件裡面的程式碼（雖然我很鼓勵讀者看一下它們——本書的存放區有完整的範例）。此外，這些套件故意使用不透露任何技術細節的名稱——storage 與 web。

再看一下上面的程式，你可以知道它使用哪些框架嗎？它有沒有說資料來自哪個文字檔或資料庫（若有，哪種類型？ SQL 還是 NoSQL ？），還是其他服務（例如網路）？假設它來自關聯資料庫，有沒有任何跡象指出這項資訊是怎麼取得的（手動 SQL 查詢？透過 ORM ？）？

關於網路呢？你可以猜到它使用什麼框架嗎？

無法回答以上的問題是個好兆頭。它們都是細節，細節必須封裝。除非我們查看這些套件的內部，否則無法回答這些問題。

我們也可以用另一種方式回答這些問題，以反問的方式：為什麼我們需要知道這些？看一下程式，你可以看到裡面有個 DeliveryOrder，它是用快遞的代碼建立的，而且它有個 get() 方法，這個方法會回傳代表快遞狀態的物件。如果這些資訊都正確，它們就是我們在乎的所有東西了。它們是怎麼做出來的有差嗎？

我們建立的抽象讓程式具備宣告性（declarative）。在宣告式程式設計中，我們宣告的是想要解決的問題，而不是如何處理它。它與命令式相反，採取命令式時，我們必須明確地定義所有必要的步驟來取得某些東西（例如連接資料庫、執行查詢、解析結果、將它載入這個物件等等）。在這個案例中，我們宣告我們只想要知道特定 ID 的快遞的狀態。

這些套件負責處理細節，並以方便的格式來提供應用程式需要的東西，也就是上一節提到的那些物件。我們只需要知道 storage 套件裡面有個物件，當你傳給它快遞 ID 與存儲用戶端時（為了簡化，我們將這個依賴項目注入這個範例，但你也可以使用其他的方案），它會取出 DeliveryOrder，讓我們可以要求它編寫訊息。

這個結構提供很大的方便，並且讓你更容易適應變動，因為它保護商業邏輯的核心，使它們不被外部的變動因素影響。

如果我們要改變取得資訊的方式會很困難嗎？這個應用程式依賴一個 API，例如這個：

```
dsq = DeliveryStatusQuery(int(delivery_id), await DBClient())
```

所以你只需要改變 `get()` 方法的工作方式，使它配合新的實作細節。你只要讓這個新物件的 `get()` 方法回傳 `DeliveryOrder` 就可以了。我們可以改變查詢、ORM、資料庫等等，無論如何，應用程式的程式碼都不需要改變！

配接器

但是，我們不需要查看套件內的程式就可以得到一個結論：它們是應用程式的技術細節的介面。

事實上，因為我們是從高階的角度來看待這個應用程式的，所以沒有查看程式碼，但我們可以想像在這些套件裡面一定有個配接器設計模式的實作（**第九章，常見的設計模式**介紹過）。它會用一或多個這類的物件來讓外部的實作配合應用程式定義的 API。想要與這個應用程式合作的依賴項目都必須用這種方式來配合 API，所以必須使用配接器。

不過在應用程式的程式碼裡面有一個關於這個配接器的線索。注意 view 的建構方式，它繼承 web 套件的 `View` 類別，我們可以推斷這個 `View` 可能是從一個 web 框架的類別衍生的，透過繼承建立了一個配接器。重點在於，採取這種做法之後，唯一重要的物件就是我們的 `View` 類別，因為在某種程度上，我們建立了自己的框架，它是調整既有的框架產生的（但同樣的，改變框架代表只需要改變配接器，而不是整個應用程式）。

服務

為了建立服務，我們要在 Docker 容器裡面啟動 Python 應用程式。容器必須在基礎映像上面為將要執行的應用程式安裝依賴項目，這些依賴項目也有作業系統層級的依賴項目。

這實際上是個選擇，因為它取決於依賴項目的使用方式。如果我們使用的套件需要作業系統的其他程式庫在安裝期間編譯，我們可以為程式庫平台建立一個 wheel 並直接安裝它來避免這件事。如果程式庫是在執行期使用的，我們就只能讓它們成為容器映像的一部分了。

接下來，我們要討論讓 Python 應用程式在 Docker 容器裡面運行的準備工作。這是將 Python 專案包在容器裡面的眾多方式之一。我們先看一下目錄結構：

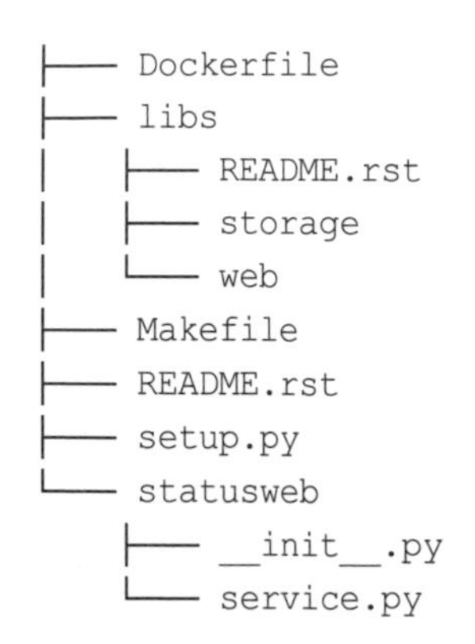

```
├── Dockerfile
├── libs
│   ├── README.rst
│   ├── storage
│   └── web
├── Makefile
├── README.rst
├── setup.py
└── statusweb
    ├── __init__.py
    └── service.py
```

你可以忽略 libs，因為它只是放置依賴項目的地方（在這裡展示它是為了讓你在看到 setup.py 檔案參考它們時知道它們，但它們也可以放在不同的存放區，並且從遠端用 pip 安裝）。

我們現在有 Makefile 以及一些輔助命令、setup.py 檔案，與在 statusweb 目錄裡面的應用程式本身。包裝應用程式與包裝程式庫的差別是後者會在 setup.py 檔裡面指定它們的依賴關係，而前者有個 requirements.txt 檔，並且在裡面用 pip install -r requirements.txt 來安裝的依賴項目。一般情況下，我們會在 Dockerfile 裡面做這件事，但是為了讓這個範例保持簡單，我們假設它從 setup.py 檔取得依賴項目就好了。除了這個考量之外，原因也包括我們在處理依賴關係時還要考慮許多其他的事情，例如凍結套件版本、追蹤間接依賴項目、使用額外的工具，例如 pipenv，以及超出本章範圍的其他主題。此外，為了一致性，我們也習慣從 requirements.txt 讀取 setup.py 檔案。

下面是 setup.py 的內容，它指出這個應用程式的一些細節：

```
from setuptools import find_packages, setup

with open("README.rst", "r") as longdesc:
    long_description = longdesc.read()


install_requires = ["web", "storage"]

setup(
    name="delistatus",
    description="Check the status of a delivery order",
```

```
        long_description=long_description,
        author="Dev team",
        version="0.1.0",
        packages=find_packages(),
        install_requires=install_requires,
        entry_points={
            "console_scripts": [
                "status-service = statusweb.service:main",
            ],
        },
    )
```

首先，我們發現應用程式宣告了它的依賴項目，它們是我們建立並放在 libs/ 底下的 web 與 storage 套件，負責抽象化與調整一些外部的元件。這些套件也有依賴項目，所以在建立映像時，我們必須確保容器安裝所有必須的程式庫，來成功地安裝它們，然後才安裝這些套件。

我們發現的第二件事就是傳給 setup 函式的 entry_points 關鍵字引數的定義。建立進入點很好，但不是絕對必要，當你在虛擬環境中安裝套件時，它會分享這個目錄以及它的所有依賴項目。虛擬環境是含有專案的依賴項目的目錄結構。它有許多子目錄，最重要的是目錄：

- <virtual-env-root>/lib/<python-version>/site-packages
- <virtual-env-root>/bin

第一個目錄裡面有在虛擬環境裡面安裝的所有程式庫。如果我們用這個專案建立一個虛擬環境，那個目錄裡面就有 web 與 storage 套件以及它的所有依賴項目，加上一些額外的基本項目與當前的專案本身。

第二個目錄 /bin/ 裡面有虛擬環境啟動時可用的二進位檔案與命令。在預設情況下，它只是 Python 版本、pip 與一些其他的基本命令。當我們建立進入點時，那裡就會有一個使用你宣告的名稱的二進位檔案，因此，我們就有一個可在環境啟動時執行的命令了。當你呼叫這個命令時，它會執行 "以虛擬環境的所有 context 指定的函式"。這代表它是個可以直接呼叫的二進位檔案，我們不需要擔心虛擬環境是否啟動，或依賴項目是否被安裝在它目前運行的路徑內。

它的定義是：

```
"status-service = statusweb.service:main"
```

等號左邊宣告的是進入點的名稱。在這個例子中，我們有個 `status-service` 命令可用。等號右邊宣告這個命令該如何執行。它在定義函式的地方 **require** 套件，在：後面是函式的名稱。在這個例子中，它會執行在 `statusweb/service.py` 裡面宣告的 `main` 函式。

接下來是 Dockerfile 的定義：

```
FROM python:3.6.6-alpine3.6

RUN apk add --update \
    python-dev \
    gcc \
    musl-dev \
    make

WORKDIR /app
ADD . /app

RUN pip install /app/libs/web /app/libs/storage
RUN pip install /app

EXPOSE 8080
CMD ["/usr/local/bin/status-service"]
```

這個映像是以輕量級 Python 映像為基礎，在上面安裝作業系統依賴項目，使得我們的程式庫可以在上面安裝。根據之前的說明，這個 `Dockerfile` 會直接複製程式庫，但它也可能從 `requirements.txt` 安裝。當所有的 `pip install` 命令都就緒時，它會複製工作目錄裡面的應用程式，Docker 的進入點（`CMD` 命令，不要與 Python 的混淆了）會呼叫套件的進入點（我們在那裡放了啟動程序的函式）。

所有的組態都是用環境變數傳遞的，所以我們的服務的程式碼必須遵守這個規範。

在涉及更多服務與依賴項目的情況下，我們不會只執行容器的映像，而是宣告一個 `docker-compose.yml` 檔案，它裡面所有服務、基礎映像的定義，以及它們是如何連結與互聯的。

我們有個可運行的容器了，你可以啟動它並對它執行一個小測試來瞭解它如何工作：

```
$ curl http://localhost:8080/status/1
{"id":1,"status":"dispatched","msg":"Order was dispatched on
2018-08-01T22:25:12+00:00"}
```

分析

我們可以從上面的程式中得到許多結論。雖然它看起來似乎是很好的做法，但是好處的背後也有一些缺點，畢竟沒有任何結構或程式是完美的。這意味著這種解決方案不可能適合所有案例，而是要視專案、團隊與機構的實際情況而定。

雖然這個解決方案的主要理念是盡量將細節抽象化，但我們可以看到有些部分是無法完全抽象化的，而且在各階層之間有合約的存在也意味著抽象的洩漏。

依賴關係的流向

請注意，依賴關係只會朝著核心（也就是商業規則的地方）單向流動。你可以查看 `import` 陳述式來追蹤這件事。舉例來說，這個應用程式會從存放區匯入它需要的所有東西，且沒有任何部分是反向的。

破壞這條規則就會產生耦合。這個程式的安排方式代表應用程式與存放區之間有弱依賴關係。這個 API 指出我們需要一個擁有 `get()` 方法的物件，意圖連接應用程式的任何儲存體都必須根據這個規格來實作這個物件。因此依賴關係是反轉的——它讓每一個儲存體根據應用程式的期望建立一個物件以實作這個介面。

限制

並非任何東西都被可抽象化。有時這是無法做到的，有時這是不方便的。我們從方便性談起。

這個範例用一個配接器來調整網路框架來提供一個簡潔的 API 給應用程式。在更複雜的情況下，我們不可能做到這種改變。就算使用這種抽象，部分的程式庫仍然可被應用程式看到。在某些情況下，調整整個框架不只很難，而且根本不可能做到。與網路框架完全隔離不全然是個問題，因為我們遲早需要它的一些功能或技術細節。

這裡要談的重點不是配接器，而是“盡量隱藏技術細節”這個概念。也就是說，在應用程式的元件清單上面，最棒的項目不是在我們的網路框架版本與實際的版本之間有個配接器，而是“任何可被看見的程式碼都沒有提到實際版本的名稱”這件事。我們的服務明地確指出 `web` 只是個依賴項目（被匯入的細節），並揭露它的工作背後的意圖。我們的目標是揭露意圖（在程式碼中），並盡可能地將細節往後推。

有哪些東西不能被隔離？最接近程式碼的元素。在這個例子中，網路應用程式使用在它們裡面以非同步的方式運作的物件。這是一種無法規避的硬性限制。在 storage 裡面東西當然可能會改變、重構與修改，但無論這些修改是什麼，它都要維持介面，包括非同步介面。

可測試性

結構與程式碼一樣，你可以將它拆成更小的元件來得到一些好處。將依賴項目隔離，並且用獨立的元件控制它們可讓主應用程式的設計更簡潔，並且讓我們更容易忽略邊界，把焦點放在測試應用程式的核心上。

例如，我們可以為依賴項目建立 patch，以及編寫更簡單的單元測試（不需要資料庫的），或啟動整個網路服務。使用純 domain 物件代表你將更容易瞭解程式與單元測試。你甚至不需要對配接器進行太多測試，因為它們的邏輯都很簡單。

意圖揭示

這個主題的細節包括維持函式簡短、分離關注點、隔離依賴項目，以及將正確的意思指派給程式每個部分的抽象。意圖揭示是程式碼很重要的部分——你必須明智地選擇名稱，明確地傳達它該做的事情。每一個函式都必須闡述一個故事。

一個好的結構必須能夠揭示系統的意圖，但不應該提到它使用的工具，那些資訊都是細節，正如同我們一直討論的，你要隱藏、封裝細節。

結論

設計優良軟體的原則適用於各種層面。為了編寫易讀的程式，我們必須注意有沒有揭示程式碼的意圖，結構也必須表達它試著解決問題的意圖。

這些概念都是相關的。意圖揭示可確保結構根據領域問題來定義，也可以讓我們盡量將細節抽象化、建立抽象層、反轉依賴關係，以及分離關注點。

談到重用程式碼，Python 套件是很棒且很靈活的選擇。內聚性與**單一功能原則**（**SRP**）等準則是建立套件時最重要的事項。微服務的概念與“使用內聚且功能很少的元件”同樣可以提供幫助，因此，我們介紹了如何包裝 Python 應用程式，並且在 Docker 容器裡面部署服務。

如同軟體工程的任何事項，它們都有局限性，也都有例外，我們並非總是能夠按照期望地將東西盡量抽象化，或完全隔離依賴關係。有時我們根本不可能（或無法確實）遵守本書解釋過的原則。但是以下這句話或許是本書的最佳建議——它們是原則，不是法律。如果抽象是不可能做到的，或是不切實際的，不要把它當成太大的問題。請記得本書不斷引述的 Zen of Python 的一句話—— **實用性優於純粹性**。

參考文獻

以下是你可以參考的資訊：

- *SCREAM*：Screaming Architecture（https://blog.cleancoder.com/uncle-bob/2011/09/30/Screaming-Architecture.html）
- *CLEAN-01*：The Clean Architecture（https://blog.cleancoder.com/uncle-bob/2012/08/13/the-clean-architecture.html）
- *HEX*：Hexagonal Architecture (https://staging.cockburn.us/hexagonal-architecture/)
- *PEP-508*：Dependency specification for Python software packages（https://www.python.org/dev/peps/pep-0508/）
- 包裝與發布 Python 專案（https://python-packaging-user-guide.readthedocs.io/guides/distributing-packages-using-setuptools/#distributing-packages）

總結

本書談的是按照規則來實作軟體解決方案的參考做法。我們用範例來解釋這些規則以及每一種決策的理由。讀者或許不同意範例的做法，事實上這是好事：有越多觀點，就有越豐富的辯論。但是不管你的意見如何，重點是本書的內容絕對不是硬性、必須嚴格遵守的指令。恰恰相反，它們是給讀者的解決方案，以及應該能夠幫助讀者的概念。

在本書的開頭談過，本書不想要提供可以直接套用的配方或公式，而是試圖開發你的批判性思維。習慣寫法與語法功能都會隨著時間變動，但是軟體的核心概念是不變的。藉由本書提供的工具與範例，你應該能夠更瞭解什麼是簡潔的程式。

衷心希望本書能夠幫助你成為更好的開發者，也祝福你的專案工作一帆風順。

索引

※ 提醒您：由於翻譯書排版的關聯，部份索引名詞的對應頁碼會和實際頁碼有一頁之差。

D

E

S

T

U

W

Y

簡潔的 Python｜重構你的舊程式

作　　者：Mariano Anaya
譯　　者：賴屹民
企劃編輯：蔡彤孟
文字編輯：江雅鈴
設計裝幀：張寶莉
發 行 人：廖文良

發 行 所：碁峰資訊股份有限公司
地　　址：台北市南港區三重路 66 號 7 樓之 6
電　　話：(02)2788-2408
傳　　真：(02)8192-4433
網　　站：www.gotop.com.tw
書　　號：ACL054800
版　　次：2018 年 12 月初版
建議售價：NT$480

國家圖書館出版品預行編目資料

簡潔的 Python：重構你的舊程式 / Mariano Anaya 原著；賴屹民譯. -- 初版. -- 臺北市：碁峰資訊, 2018.12
面；　公分
譯自：Clean Code in Python
ISBN 978-986-476-992-6(平裝)
1.Python(電腦程式語言)
312.32P97　　107010607

讀者服務

- 感謝您購買碁峰圖書，如果您對本書的內容或表達上有不清楚的地方或其他建議，請至碁峰網站：「聯絡我們」\「圖書問題」留下您所購買之書籍及問題。（請註明購買書籍之書號及書名，以及問題頁數，以便能儘快為您處理）
http://www.gotop.com.tw

- 售後服務僅限書籍本身內容，若是軟、硬體問題，請您直接與軟體廠商聯絡。

- 若於購買書籍後發現有破損、缺頁、裝訂錯誤之問題，請直接將書寄回更換，並註明您的姓名、連絡電話及地址，將有專人與您連絡補寄商品。